福建省属公益类科研院所发展报告（2017）

◎ 许标文　傅代豪　编著

中国农业科学技术出版社

图书在版编目（CIP）数据

福建省属公益类科研院所发展报告.2017/许标文，傅代豪编著.—北京：中国农业科学技术出版社，2019.2
ISBN 978-7-5116-4066-6

Ⅰ.①福… Ⅱ.①许…②傅… Ⅲ.①科研院所–科研管理–研究报告–福建–2017 Ⅳ.①G322.235.7

中国版本图书馆 CIP 数据核字（2019）第 038541 号

责任编辑　李　雪　徐定娜
责任校对　马广洋

出 版 者	中国农业科学技术出版社
	北京市中关村南大街12号　邮编：100081
电　　话	（010）82109707　82105169（编辑室）
	（010）82106624（发行部）　（010）82109709（读者服务部）
传　　真	（010）82106650
网　　址	http://www.castp.cn
经 销 者	各地新华书店
印 刷 者	北京建宏印刷有限公司
开　　本	787 mm×1 092 mm　1/16
印　　张	13.25
字　　数	274 千字
版　　次	2019年2月第1版　2019年2月第1次印刷
定　　价	36.00 元

◆ 版权所有·翻印必究 ◆

目　录

1 概　述 …………………………………………………………………… (1)

1.1 基本情况 ……………………………………………………………… (1)

1.2 科研资源配置 ………………………………………………………… (4)

1.3 科研成果与科技产出 ………………………………………………… (5)

2 科技人员 ………………………………………………………………… (7)

2.1 科技人员总体情况 …………………………………………………… (7)

2.2 科技人员结构分析 …………………………………………………… (12)

3 科技收入与支出 ………………………………………………………… (15)

3.1 经费收入及来源 ……………………………………………………… (15)

3.2 技术性收入分析 ……………………………………………………… (19)

3.3 R&D 经费内部支出比较 ……………………………………………… (21)

4 科研课题 ………………………………………………………………… (27)

4.1 科研课题类型及经费 ………………………………………………… (27)

4.2 R&D 课题来源及经费分析 …………………………………………… (30)

4.3 2016 年新增科研课题情况分析 ……………………………………… (34)

5 科研成果与科技产出 …………………………………………………… (36)

5.1 获奖科研成果 ……………………………………………………… (36)

5.2 重要科研项目进展 ………………………………………………… (39)

5.3 审（认）定的新品种 ……………………………………………… (49)

5.4 科技论文与科技著作 ……………………………………………… (51)

5.5 申请与授权的专利 ………………………………………………… (53)

5.6 制定的国家或行业技术标准 ……………………………………… (55)

6 科技创新与条件支撑平台建设 ………………………………………… (57)

6.1 科研平台建设 ……………………………………………………… (57)

6.2 科研条件支撑平台建设 …………………………………………… (65)

6.3 固定资产投入 ……………………………………………………… (69)

7 科技成果应用与转化 …………………………………………………… (73)

7.1 科技成果转化典型案例 …………………………………………… (73)

7.2 科技成果转化措施与典型经验 …………………………………… (74)

8 对外科技服务与产业联系 ……………………………………………… (77)

8.1 对外科技服务与产业联系概述 …………………………………… (77)

8.2 对外科技服务分布分析 …………………………………………… (79)

9 重点发展方向 …………………………………………………………… (82)

9.1 应用基础科学（4所） …………………………………………… (82)

9.2 农业科学（22所） ……………………………………………………………（93）

9.3 医药卫生（4所） ………………………………………………………………（148）

9.4 其他领域（8所） ………………………………………………………………（152）

附录 2015—2016年科技成果转化主要政策 ……………………………………（167）

附录1 中华人民共和国促进科技成果转化法（2015年修订） ………………（169）

附录2 实施《中华人民共和国促进科技成果转化法》若干规定（国发〔2016〕16号） ……………………………………………………………………（177）

附录3 促进科技成果转移转化行动方案（国办发〔2016〕28号） …………（181）

附录4 关于实行以增加知识价值为导向分配政策的若干意见（厅字〔2016〕35号） ……………………………………………………………………（189）

附录5 关于促进科技服务业发展八条措施（闽政〔2015〕8号） ……………（195）

附录6 福建省进一步促进科技成果转移转化的若干规定（闽政〔2016〕33号） ……………………………………………………………………（199）

1 概述

公益类科研机构是指从事社会公益事业、技术基础和农业科学研究的非盈利性科研机构。省属公益类科研院所是全省公共技术研究和公益科技服务的重要载体,是从事公益科研的骨干力量,也是全省科技创新体系的重要组成部分,在全省科技进步和经济发展中发挥着重要的作用。

截至 2016 年年底,福建省属公益类科研院所共有 38 家,分属于 15 家不同的上级主管部门,科研和技术服务领域涉及农业、林业、生物、海洋、医学、体育、劳保、标准、计量、信息、环保、水利水电等领域,是建设特色鲜明的"丝绸之路经济带"和"21 世纪海上丝绸之路"的重要组成部分。

1.1 基本情况

1.1.1 主管部门

38 家省属公益类科研院所分属于 15 个不同的上级主管部门。主管部门中,有 11 家是省政府相关的厅、局、委,3 家为高校,1 家为省属厅级事业单位(表 1-1)。

表 1-1 福建省属公益类科研院所及其主管部门

主管部门	数量(家)	科研院所
福建省农业科学院	15	水稻研究所、作物研究所、生物技术研究所、农业生物资源研究所、果树研究所、植物保护研究所、农业生态研究所、土壤肥料研究所、畜牧兽医研究所、农业工程技术研究所、食用菌研究所、茶叶研究所、亚热带农业研究所(原甘蔗研究所)、农业经济与科技信息研究所、农业质量标准与检测技术研究所(原中心实验室)

(续表)

主管部门	数量（家）	科研院所
福建省科学技术厅	5	福建省微生物研究所、福建海洋研究所、福建省测试技术研究所、福建省科学技术信息研究所、福建省武夷山生物研究所
福建省海洋与渔业局	3	福建省水产研究所、福建省淡水水产研究所、福建省闽东水产研究所
福建省农业厅	2	福建省农业区划研究所、福建省热带作物科学研究所
福建省经济和信息化委员会	1	福建省农业机械化研究所
福建省安全生产监督管理局	1	福建省安全生产科学研究院
福建省质量技术监督局	2	福建省标准化研究院、福建省计量科学研究院
福建省林业厅	1	福建省林业科学研究院
福建省环境保护厅	1	福建省环境科学研究院
福建省水利厅	1	福建省水利水电科学研究院
福建省体育局	1	福建省体育科学研究所
福建省卫生和计划生育委员会	2	福建省医学科学研究院 福建省计划生育科学技术研究所
厦门大学	1	厦门大学抗癌研究中心
福建师范大学	1	福建师范大学地理研究所
福建中医药大学	1	福建省中医药研究院

1.1.2 服务领域

按机构所属的公益服务领域划分，省属科研院所可分为农业科学、医药卫生、应用基础科学和其他领域四类，其中应用基础科学领域4家、农业科学领域22家、医药卫生领域4家、其他领域8家（表1-2）。

表1-2 福建省属公益科研院所的公益服务领域分布

机构所属领域	数量（家）	科研院所名称
应用基础科学	4	福建省微生物研究所、福建师范大学地理研究所、福建海洋研究所、福建省武夷山生物研究所

(续表)

机构所属领域	数量（家）	科研院所名称
农业科学	22	福建省林业科学研究院、福建省农业科学院茶叶研究所、福建省农业科学院水稻研究所、福建省农业科学院作物研究所、福建省农业科学院农业工程技术研究所、福建省农业科学院土壤肥料研究所、福建省农业科学院农业生态研究所、福建省农业科学院食用菌研究所、福建省农业科学院果树研究所、福建省农业科学院亚热带农业研究所、福建省农业科学院畜牧兽医研究所、福建省农业科学院农业生物资源研究所、福建省农业科学院植物保护研究所、福建省农业科学院农业质量标准与检测技术研究所、福建省农业科学院生物技术研究所、福建省农业科学院农业经济与科技信息研究所、福建省农业机械化研究所、福建省淡水水产研究所、福建省水产研究所、福建省闽东水产研究所、福建省农业区划研究所、福建省热带作物科学研究所
医药卫生	4	福建省中医药研究院、福建省医学科学研究院、厦门大学抗癌研究中心、福建省计划生育科学技术研究所
其他领域	8	福建省计量科学研究院、福建省科学技术信息研究所、福建省环境科学研究院、福建省测试技术研究院、福建省标准化研究院、福建省安全生产科学研究院、福建省水利水电科学研究院、福建省体育科学研究所

1.1.3 院所规模

截至 2016 年年底，省属公益类院所共有科技人员 2 341 人，同比上年减少了 2.6%。其中在岗科技人员在 100 人以上的有 4 家，50~100 人的有 19 家，50 人以下的有 15 家（表 1-3）。

表 1-3 福建省属公益类科研院所规模

规模	科研院所
100 人以上（4 家）	福建省计量科学研究院、福建省科学技术信息研究所、福建省水产研究所、福建省林业科学研究院
50~100 人（19 家）	福建省农业科学院水稻研究所、福建省微生物研究所、福建省农业机械化研究所、福建省农业科学院畜牧兽医研究所、福建省淡水水产研究所、福建省农业科学院果树研究所、福建省农业科学院茶叶研究所、福建省农业科学院植物保护研究所、福建省农业科学院生物技术研究所、福建省水利水电科学研究院、福建省中医药研究院、福建省环境科学研究院、福建省测试技术研究院、福建省农业科学院作物研究所、福建海洋研究所、福建省安全生产科学研究院、福建省农业科学院农业生态研究所、福建省农业科学院农业工程技术研究所、福建省农业科学院农业生物资源研究所

(续表)

规模	科研院所
50人以下（15家）	福建省农业科学院农业经济与科技信息研究所、福建省热带作物科学研究所、福建省医学科学研究院、福建省农业科学院土壤肥料研究所、福建省农业科学院质量标准与检测技术研究所、福建省标准化研究院、福建省农业科学院亚热带农业研究所、福建师范大学地理研究所、福建省体育科学研究所、福建省农业科学院食用菌研究所、厦门大学抗癌研究中心、福建省闽东水产研究所、福建省农业区划研究所、福建省计划生育科学技术研究所、福建省武夷山生物研究所

1.2 科研资源配置

1.2.1 科技人员

2016年，省属公益类科研院所共有人员5 005人，其中，从业人员总数为2 698人，占总数的53.91%。在岗科技活动人员总数为2 341人，占从业人员的86.77%，从事农业类的科技活动人员最多，有1 320人。科技活动人员中拥有博士学位的有241人，占科技活动人员的10.29%；拥有硕士学位的有763人，占科技活动人员的32.76%。高级职称910人，占科技活动人员的38.87%；中级职称843人，占科技活动人员的36.01%（表1-4）。

表1-4 福建省属公益类科研院所科技人员情况

项　目	人数（人）	备注
科研院所全部人员	5 005	
从业人员	2 698	占全部人员的53.91%
科技活动人员	2 341	占从业人员的86.77%
学历比例结构	博士学位241	占科技活动人员的10.29%
	硕士学位763	占科技活动人员的32.76%
职称比例结构	高级职称910	占科技活动人员的38.87%
	中级职称843	占科技活动人员的36.01%

1.2.2 科研经费

2016年,省属科研院所经费收入共计101 523万元,同比上年减少12.68%。其中,科技活动收入96 567万元,同比上年减少了1.57%。科技活动收入以政府资金为主,共计85 447万元,占科技活动收入总额的88.48%;人均科技活动收入36.50万元,同比上年(40.81万元)减少了10.56%。

1.2.3 科研课题

2016年,省属公益类科研院所承担科研项目2 102项,同比上年(2 052项)增加2.44%。课题经费内部支出,2016年为39 962.48万元,同比上年(31 519万元)增加26.79%。省属公益类科研院所共承担R&D课题1 529项,同比上年增加126项,比增8.89%。2016年,省属公益类科研院所承担R&D课题经费内部支出为26 812万元,同比上年增长19.43%。

2016年,省属公益类科研院所承担科研项目经费排名前3位的依次是福建省水产研究所(4 133万元)、福建省计量科学研究院(3 664万元)、福建省农业科学院农业生物资源研究所(3 419万元)。

1.2.4 科研服务平台

截至2016年年底,省属科研院所共拥有的科研平台有国家重点(工程)实验室36个(部级12个,省部共建2个,省级22个),工程(技术)研究中心31个(国家级4个,省级27个),种质资源圃9个,野外观测站15个(部级14个,省级1个),农作物原种扩繁及改良中心7个(部级农作物品种改良中心3个,部级原原种扩繁基地4个),技术研发平台16个(部级5个,省级11个);省属科研院所共拥有的科研条件支撑平台有文献中心6个,生产力促进中心2个,科技服务平台55个;省属公益类科研院所年末固定资产原价为114 179.3万元、科学仪器设备59 121.7万元,人均科研仪器设备25.25万元/人。

1.3 科研成果与科技产出

1.3.1 获奖成果

2016年,省属公益类科研院所共获得:国家科学进步二等奖1项(第二完成单位);

福建省科学技术进步奖 17 项，其中省科学技术奖一等奖 4 项、二等奖 5 项、三等奖 8 项；其他还包括中国水产学会第三届范蠡科学技术奖二等奖 1 项，2016—2017 年度神农中华农业科技奖三等奖 2 项，第十届大北农科技奖 2 项，福建省科协第八届紫金科技创新奖 2 项，第五届中国创新创业大赛（福建赛区）暨第四届福建创新创业大赛优胜奖 1 项。

1.3.2 科技产出

2016 年，省属公益类院所科技产出：审定品种 32 个，发表学术论文 1 275 篇，获得授权专利 243 项（其中发明专利 124 项），出版科技著作 21 部。

1.3.3 科技服务

2016 年，省属公益类科研院所对外科技服务活动工作量合计 1 342 人·年，其中工作量最多的是福建省计量科学研究院，达到 334 人·年，占比 16.77%。

2 科技人员

2.1 科技人员总体情况

2.1.1 人力资源总体配置

科技人力资源是一个国家或地区最重要的战略资源，也是科研院所科技创新的重要基础，其规模、结构、分布与流动情况影响着一个国家或地区经济社会的发展。

2.1.1.1 从业人员概况

从业人员即科研院所的在职职工，是科研院所最为主要的人力资源，也是科研院所进行科技活动与生产经营的主体。从业人员是指科研院所年末直接组织安排工作并且支付工资的各类人员总数，包括国家有编制的合同制职工、固定职工、招聘人员和返聘的离退休人员，不包括离退休人员、停薪留职人员、外聘人员和在读非本单位研究生；按工作性质分为从事科技活动人员，从事生产、经营活动人员，以及其他人员（医疗、工程设计、教育培训、后勤服务等），统计科研院所的人员数量一般以"从业人员"为准。

2016年，省属公益类科研院所共有从业人员2 698人，同比上年减少了58人，同比上年减少2.10%。从从业人员的比重看，从事科技活动人员占86.77%，远高于从事生产、经营活动人员及其他人员，可见从事科技活动人员是省属科研院所人力资源中的重要主体（表2-1）。

表2-1 2016年福建省属公益类科研院所从业人员概况　　　　（人，%）

项目	2015年		2016年	
	人数	比重	人数	比重
从业人员总数	2 756	100	2 698	100

(续表)

项目	2015年		2016年	
	人数	比重	人数	比重
其中：从事科技活动人员	2 404	87.23	2 341	86.77
从事生产、经营活动人员	47	1.71	36	1.33
其他人员	305	11.07	321	11.90

2.1.1.2 人员构成

科研院所人员构成由从业人员、外聘的流动学者（编制在其他单位）、招收的非本单位在读研究生和离退休人员4部分组成。2016年，省属公益类科研院所共有人员5 396人，同比上年减少了2.5%。其中，从业人员总数为2 698人，同比上年减少了2.1%；外聘的流动研究人员111人，同比上年减少了26人；招收的非本单位在读研究生比2015年增加了21人，退休人员比2015年减少了70人（表2-2）。

表2-2 2016年福建省属公益类科研院所人员构成概况　　（人,%）

项目	2015年		2016年	
	人数	比重	人数	比重
从业人员	2 756	53.64	2 698	53.91
外聘的流动学者	137	2.67	111	2.22
招收的非本单位在读研究生	251	4.89	272	5.43
离退休人员	1 994	38.81	1 924	38.44
合计	5 138	100	5 005	100

2.1.1.3 人员流动

2016年，省属公益类科研院所共新增人员108人。在新增人员中，应届高校毕业生43人，同比上年减少33.85%。2016年新增高校毕业占省属公益类科研院所新增人员比例为39.81%，同比上年下降9.81个百分点；招聘的其他成员占省属公益类科研院所新增人员比例为43.52%，同比上年增加0.95个百分点。招聘的其他成员中来自企业的有38人，占新增人员比例为35.19%，同比上年增加21.45个百分点（表2-3）。

表 2-3　2016 年福建省属公益类科研院所新增和减少人员情况　　　　　（人,%）

项目	2015 年		2016 年	
	人数	比重	人数	比重
新增人员总数（人）	131	100	108	100
1. 应届高校毕业生	65	49.62	43	39.81
2. 招聘的其他人员	56	42.75	47	43.52
其中：来自研究院所	14	10.69	3	2.78
来自企业	18	13.74	38	35.19
来自高等学校	7	5.34	3	2.78
来自国外	0	0	0	0
来自政府部门	9	6.87	1	0.93
3. 其他新增人员	10	7.63	18	16.67
减少人员总数（人）	163	100	131	100
1. 离开本单位的人员	91	55.83	81	61.83
其中：流向研究院所	5	3.07	9	6.87
流向企业	63	38.65	55	41.98
流向高等学校	6	3.68	2	1.53
出国	1	0.61	3	2.29
流向政府部门	5	3.07	11	8.40
2. 离退休人员	68	121.43	42	32.06
3. 其他减少人员	4	2.45	8	6.11

2016 年，省属科研院所共减少人员 131 人。在减少的人员当中，以离开本单位的人员为主，占减少总人数的 61.83%。离开本单位的人员主要流向企业，占减少总人数的 41.98%；流向企业、研究院所的人员则分别占了 8.40%、6.87%。

2.1.2　科技活动人员

科技活动人员是科技创新的主体，其结构和质量体现了一个地区的科技发展水平，它也代表着人力资源的"质"，在一定程度上反映院所科研发展的潜力。

2.1.2.1　总数与构成

从事科技活动人员按工作性质分为科技管理人员、课题活动人员和科技服务人员。

2016年，省属公益类科研院所从事科技活动人员总数为2 341人，同比上年减少了2.6%；其中，女性人数为917人，占科技活动人员总数的39.17%。从工作性质分类看，2016年课题活动人员为1 677人，占从事总人数的71.64%，同比上年减少了0.95个百分点，仍旧是科技活动人员中最具有科技创新能力的群体（表2-4）。

表2-4　2016年福建省属公益类科研院所科技活动人员构成情况　　　（人,%）

项目	2015年		2016年	
	人数	比重	人数	比重
从事科技活动人员	2 404	100	2 341	100
其中：女性	926	38.52	917	39.17
其中：科技管理人员	332	13.81	361	15.42
课题活动人员	1 745	72.59	1 677	71.64
科技服务人员	327	13.60	303	12.94

2.1.2.2　学科分布

省属公益类科研院所按机构按学科领域划分可分为基础科学类4家、农业类22家、医药卫生类4家、其他公共科技与社会发展类8家。

2016年，省属公益类科研院所中，从事农业类的科技活动人员最多，有1 320人，占56.39%；其次是其他公共科技与社会发展类，有691人，占29.52%；基础科学类占7.82%，医学卫生类占6.28%（表2-5）。

表2-5　2016年福建省属公益类科研院所学科分布　　　（人,%）

学科领域	科技活动人员	比重
从事科技活动人员	2 341	100
农业科学	1 320	56.39
医药科学	147	6.28
基础科学	183	7.82
其他领域	691	29.52

2.1.2.3　学历结构

2016年，省属公益类科研院所从事科技活动人员中博士、硕士学历人员均有所增加。

其中，拥有博士学位的有241人，同比上年增加9.36%增加到2016年的10.29%；拥有硕士学位的有763人，2015年提升了1.02个百分点；本科学历和其他学历的科技活动人员比重，同比上年分别下降了1.63个和0.64个百分点。从学历结构看，省属科研院所的科技活动人才队伍已经形成了以本科学历以上的人才学历结构（表2-6）。

表2-6　2016年福建省属公益类科研院所从事科技活动人员学历结构　（人,%）

项目	2015年		2016年	
	人数	比重	人数	比重
从事科技活动人员总数	2 404	100	2 341	100
其中：博士毕业	225	9.36	241	10.29
硕士毕业	763	31.74	767	32.76
本科毕业	1 089	45.30	1 022	43.66
大专毕业	209	8.69	211	9.01
其他	118	4.91	100	4.27

2.1.2.4　职称结构

从省属公益类科研院所科技活动人员的职称比例看，高级职称910人，占38.87%；中级职称843人，占36.01%；初级职称人员和无职称分别为413人、175人，分别占17.64%、7.48%（表2-7）。

表2-7　2016年福建省属公益类科研院所从事科技活动人员职称结构　（人,%）

项目	2015年		2016年	
	人数	比重	人数	比重
从事科技活动人员总数	2 404	100	2 341	100
其中：高级职称	945	39.31	910	38.87
中级职称	845	35.15	843	36.01
初级职称	423	17.60	413	17.64
其他	191	7.95	175	7.48

2.2 科技人员结构分析

2.2.1 院所间科技人员结构分析

2016年，省属研究所科技活动人员中，福建师大地理所的硕博士学历比例最高，达96.67%；其次是厦门大学抗癌研究中心，达88%。硕博士学历人数占50%以上的还有福建省农业科学院土壤肥料研究所、福建省农业科学院生物技术研究所、福建省中医药研究院、福建省农业科学院农业生物资源研究所等18家（表2-8）。

2016年，从高级职称人数所占比例看，占50%以上的有福建师范大学地理研究所（86.67%）、厦门大学抗癌研究中心（68%）、福建省林业科学研究院（60.4%）、福建省农业科学院生物技术研究所（60.00%）、福建省标准化研究院（56.41%）福建省计划生育科学技术研究所（55.56%）、福建省农业科学院食用菌研究所（51.85%）、福建省水利水电科学研究院（50%）、福建省农业机械化研究所（50%）（表2-8）。

表2-8 2016年福建省属公益类科研院所科技活动人员学历和职称比例比较（人,%）

公益类科研院所	科技活动人员	硕博士学历	比例	高级职称	比例
福建省计量科学研究院	277	81	29.24	66	23.83
福建省科学技术信息研究所	118	22	18.64	33	27.97
福建省水产研究所	115	60	52.17	42	36.52
福建省林业科学研究院	101	40	39.6	61	60.4
福建省农业科学院水稻研究所	98	39	39.8	34	34.69
福建省微生物研究所	94	40	42.55	27	28.72
福建省农业机械化研究所	88	4	4.55	44	50
福建省农业科学院畜牧兽医研究所	88	55	62.5	36	40.91
福建省淡水水产研究所	72	34	47.22	28	38.89
福建省农业科学院果树研究所	67	37	55.22	30	44.78
福建省农业科学院茶叶研究所	66	37	56.06	14	21.21
福建省农业科学院植物保护研究所	65	37	56.92	30	46.15
福建省农业科学院生物技术研究所	65	46	70.77	39	60
福建省水利水电科学研究院	62	12	19.35	31	50
福建省中医药研究院	61	41	67.21	16	26.23

(续表)

公益类科研院所	科技活动人员	硕博士学历	比例	高级职称	比例
福建省环境科学研究院	59	20	33.9	28	47.46
福建省测试技术研究所	56	8	14.29	16	28.57
福建省农业科学院作物研究所	55	31	56.36	25	45.45
福建海洋研究所	55	24	43.64	16	29.09
福建省安全生产科学研究院	53	9	16.98	16	30.19
福建省农业科学院农业生态研究所	52	28	53.85	24	46.15
福建省农业科学院农业工程技术研究所	51	29	56.86	25	49.02
福建省农业科学院农业生物资源研究所	51	34	66.67	24	47.06
福建省农业科学院农业经济与科技信息研究所	48	25	52.08	18	37.5
福建省热带作物科学研究所	47	18	38.3	14	29.79
福建省医学科学研究院	43	11	25.58	14	32.56
福建省农业科学院土壤肥料研究所	42	30	71.43	20	47.62
福建省农业科学院质量标准与检测技术研究所	42	21	50	12	28.57
福建省标准化研究院	39	20	51.28	22	56.41
福建省农业科学院亚热带农业研究所	39	22	56.41	16	41.03
福建师范大学地理研究所	30	29	96.67	26	86.67
福建省体育科学研究所	27	11	40.74	6	22.22
福建省农业科学院食用菌研究所	27	17	62.96	14	51.85
厦门大学抗癌研究中心	25	22	88	17	68
福建省闽东水产研究所	22	2	9.09	6	27.27
福建省农业工作研究中心	19	9	47.37	9	47.37
福建省计划生育科学技术研究所	18	1	5.56	10	55.56
福建省武夷山生物研究所	4	2	50	1	25

2.2.2 不同领域科技人员结构分析

从省属科研院所从事科技活动人员的职称学历在四大领域中分布情况来看，基础科学领域的硕博士学历比重最高，占 51.91%，其次是医药科学领域，比重为 51.01%；高级职称比重以农业科学领域最高，占 42.80%，其次是医药科学领域，占 38.78%，而其他公共科技与社会发展与社会发展领域的科技活动人员,无论是学历还是高级职称比重,均相对较低(表2-9)。

表2-9 2016年福建省属科研院所不同学科领域科技活动人员学历和职称分布(人,%)

学科领域	科技活动人员	硕博士	比重	高级职称	比重
基础科学	183	95	51.91	70	38.25
农业科学	1 320	655	49.62	565	42.80
医药科学	147	75	51.02	57	38.78
其他领域	691	183	26.48	218	31.55

注:比重为占该学科领域科技活动人员的比值

3 科技收入与支出

3.1 经费收入及来源

3.1.1 科技收入概况

科研机构经费收入情况反映的是科研院所通过各种活动所获得的收入,也反映了科研院所科技活动收入的来源。经费收入总额包括:科技活动收入、生产经营活动收入和其他收入,不含代管经费和转拨外单位经费,其他收入包含医疗、工程设计、教学培训以及离退休人员的政府拨款等收入。

2016年,省属公益类科研院所经费收入共计101 523万元,同比上年减少12.68%。2016年的收入总额中,科技活动收入965 669万元,同比上年减少了1.57%,其他收入3 831万元,同比上年减少了77.61%。从收入来源看比例,2016年科技活动收入占收入总额的95.12%,生产、经营活动收入比重为1.11%,其他收入比重为3.77%。2016年用于离退休人员的政府拨款为1 365万元,占收入总额的1.34%(表3-1)。

表3-1 2015—2016年福建省属公益类科研院所经费收入情况　　(万元,%)

项目	2015年		2016年	
	金额	比重	金额	比重
收入总额	116 264	100	101 523	100
其中:科技活动收入	98 105	84.38	96 567	95.12
生产、经营活动收入	1 046	0.90	1 125	1.11
其他收入	17 112	14.72	3 831	3.77
其中:用于离退休人员的政府拨款			1 365	1.34

从科技活动收入的学科分布看,农业科学的科技活动收入最多,为10 862万元,比例

依次为农业科学（54.01%）、其他领域（29.75%）、基础科学（11.25%）、医药卫生（4.99%）；从生产、经营活动收入的学科分布来看，其他领域的生产经营活动收入最多，为830万元，比例依次为其他领域（73.71%）、基础科学（14.56%）、农业科学（11.72%）；从其他收入的学科分布来看，农业科学的其他收入最多，为1 943万元，比例依次为农业科学（50.72%）、医药卫生（21.17%）、其他领域（16.68%）、基础科学（11.43%）（表3-2）。

表3-2 2016年福建省属公益类科研院所经费收入的学科分布 （万元,%）

项目	基础科学		农业科学		医药卫生		其他领域	
	金额	比例	金额	比例	金额	比例	金额	比例
科技活动收入	10 862	11.25	52 152	54.01	4 821	4.99	28 732	29.75
生产、经营活动收入	164	14.56	132	11.72	0	0	830	73.71
其他收入	438	11.43	1 943	50.72	811	21.17	639	16.68

3.1.2 科技活动收入及来源

2016年，省属公益类科研院所科技活动收入96 567万元，同比上年减少了1.57%。科技活动收入中，来源于政府资金共计85 447万元，占科技活动收入总额的88.48%；来源于非政府资金共计11 120万元，占科技活动收入总额的11.52%。在政府资金来源中，来源于财政拨款有61 858万元，占科技活动收入总额的64.04%；来源于承担政府科研项目收入的有21 069万元，占科技活动收入21.82%，说明了财政拨款和政府科研项目对公益类科研院所政府资金发展很重要（表3-3）。

表3-3 2015—2016年福建省属公益类科研院所科技活动收入及来源情况（万元,%）

项目	2015年		2016年	
	金额	比重	金额	比重
科技活动收入	98 106	100	96 567	100
1. 政府资金	85 574	87.23	85 447	88.48
其中：财政拨款	59 108	60.25	61 858	64.06
承担政府科研项目收入	24 244	24.71	21 069	21.82
其他	2 221	2.26	2 520	2.61

(续表)

项目	2015 年		2016 年	
	金额	比重	金额	比重
全部政府资金中：来自地方政府的资金	—	—	75 776	78.47
来自中央政府的资金	—	—	9 670	10.01
2. 非政府资金	12 533	12.77	11 120	11.52
其中：技术性收入	11 622	11.85	9 639	9.98
其中：来自企业	5 885	6.00	5 527	5.72
其中：来自大中型企业	—	0	7 470	7.74
其中：国外资金	0	0	0	0

3.1.3 人均科技活动收入分析

3.1.3.1 省属公益类科研院所总体分析

2016 年省，属公益类科研院所人均科技活动收入为 41.25 万元，同比上年增长了 1.08%。从人均科技活动收入来源看，人均政府财政拨款 26.42 万元，同比上年增长了 7.46%；人均承担政府科研项目收入达 9 万元，同比上年减少了 10.8%（表 3 - 4）。

表 3 - 4　2015—2016 年福建省属公益类科研院所人均科技活动收入及来源变化

（万元,%）

项目	2015 年	2016 年	增长率
人均科技活动收入	40.81	41.25	1.08
人均财政拨款	24.59	26.42	7.46
人均承担政府科研项目收入	10.09	9.00	-10.80

3.1.3.2 省属公益科研类科研院所比较分析

2016 年，省属公益类科研院所中，科技活动收入排名前 5 名的科研院所依次为福建省计量科学研究院(15 021.1万元)、福建省水产研究所(11 332.6万元)、福建海洋研究所(5 538万元)、福建省林业科学研究院(4 597.7万元)、福建省环境科学研究院(4 525.9万元)；人均科技活动收入前 5 名的科研院所依次为福建海洋研究所（100.69 万元)、福建水产研究所（98.54万元）、福建师范大学地理研究所（94.74万元）、福建省环境科学研究院（76.71万元）、福建省农业科学院农业生物资源研究所（62.08万元）（表3－5）。

表3－5 2016年福建省属公益类科研院所科技活动收入比较　　　（人，万元）

公益类科研院所	科技活动收入	排名	人均科技活动收入	排名
福建省计量科学研究院	15 021.1	1	54.23	7
福建省科学技术信息研究所	2 271.1	14	19.25	34
福建省水产研究所	11 332.6	2	98.54	2
福建省林业科学研究院	4 597.7	4	45.52	10
福建省农业科学院水稻研究所	4 178.7	6	42.64	11
福建省微生物研究所	2 366.2	13	25.17	28
福建省农业科学院畜牧兽医研究所	3 177.3	7	36.11	16
福建省农业机械化研究所	2 628.9	11	29.87	22
福建省淡水水产研究所	1 764.5	20	24.51	30
福建省农业科学院果树研究所	3 127	9	46.67	9
福建省农业科学院茶叶研究所	1 499.4	23	22.72	32
福建省农业科学院生物技术研究所	2 451.3	12	37.71	13
福建省农业科学院植物保护研究所	1 962.7	18	30.2	19
福建省水利水电科学研究院	1 782.4	19	28.75	24
福建省中医药研究院	2 218.6	16	36.37	15
福建省环境科学研究院	4 525.9	5	76.71	4
福建省测试技术研究所	1 381.5	25	24.67	29
福建海洋研究所	5 538	3	100.69	1
福建省农业科学院作物研究所	2 041.1	17	37.11	14
福建省安全生产科学研究院	1 434.6	24	27.07	25
福建省农业科学院农业生态研究所	1 576	21	30.31	18
福建省农业科学院农业生物资源研究所	3 166	8	62.08	5
福建省农业科学院农业工程技术研究所	1 527.8	22	29.96	20
福建省农业科学院农业经济与科技信息研究所	1 136.5	28	23.68	31
福建省热带作物科学研究所	779	33	16.57	36
福建省医学科学研究院	1 110.1	29	25.82	26

(续表)

公益类科研院所	科技活动收入	排名	人均科技活动收入	排名
福建省农业科学院土壤肥料研究所	1 348.5	26	32.11	17
福建省农业科学院质量标准与检测技术研究所	907.6	31	21.61	33
福建省标准化研究院	2 261.6	15	57.99	6
福建省农业科学院亚热带农业研究所	1 167.7	27	29.94	21
福建师范大学地理研究所	2 842.2	10	94.74	3
福建省农业科学院食用菌研究所	1 063	30	39.37	12
福建省体育科学研究所	53.7	38	1.99	38
厦门大学抗癌研究中心	636.4	34	25.46	27
福建省闽东水产研究所	420	35	19.09	35
福建省农业工作研究中心	298.3	36	15.7	37
福建省计划生育科学技术研究所	855.9	32	47.55	8
福建省武夷山生物研究所	116	37	29	23

3.2 技术性收入分析

3.2.1 技术性收入概述

2016年，省属公益类科研院所技术性收入为9 639.4万元，人均技术性收入为5.73万元（表3-6）。

表3-6 2016年福建省属公益类科研院所技术性收入情况

项目	数量
技术性收入	9 639.4万元
人均技术性收入	5.73万元/人

3.2.2 技术性收入比较分析

2016年，共有25家省属公益类科研院所产生技术性收入，技术性收入排名前三的分别为福建省环境科学研究院（3 237.6万元）、福建省水产研究所（1 528.2万元）、福建师范大学地理研究所(1 291.1万元)（表3－7）。

表3－7 2016年福建省属公益类科研院所技术性收入分布

院所名称	技术性收入数量（万元）	排名
福建省环境科学研究院	3 237.6	1
福建省水产研究所	1 528.2	2
福建师范大学地理研究所	1 291.1	3
福建省安全生产科学研究院	536.9	4
福建省测试技术研究所	398.7	5
福建海洋研究所	390.2	6
福建省农业科学院农业生物资源研究所	345.7	7
福建省中医药研究院	307.5	8
福建省医学科学研究院	303.9	9
福建省林业科学研究院	280.3	10
福建省计划生育科学技术研究所	252.4	11
福建省农业科学院水稻研究所	225.9	12
福建省农业科学院质量标准与检测技术研究所	95	13
福建省农业科学院果树研究所	88.6	14
福建省农业机械化研究所	85.8	15
福建省农业科学院作物研究所	83.5	16
福建省农业科学院农业经济与科技信息研究所	52.7	17
福建省水利水电科学研究院	40	18
福建省淡水水产研究所	38.2	19
福建省农业科学院土壤肥料研究所	17.8	20
福建省农业科学院农业工程技术研究所	17	21
厦门大学抗癌研究中心	14.3	22
福建省农业科学院畜牧兽医研究所	3.8	23
福建省闽东水产研究所	2.3	24
福建省热带作物科学研究所	2	25

3.3 R&D 经费内部支出比较

3.3.1 福建省科技活动主体 R&D 经费内部支出比较

R&D 经费内部支出是指科技活动主体用于内部开展 R&D 活动（包括基础研究、应用研究、试验发展）的实际支出。包括用于 R&D 项目（课题）活动的直接支出，以及间接用于 R&D 活动的管理费、服务费、与有关的基本建设支出以及外协加工费等。不包括生产性活动支出、归还贷款支出以及与外单位合作或委托外单位进行 R&D 活动而转拨给对方的经费支出。科研机构、大中型工业企业和高等院校是主要的科技活动主体单位。

2016 年，福建省科技活动主体 R&D 经费合计 3 371 300 万元，同比上年增长 15.27%。其中科学研究与开发机构 186 000 万元，同比上年增长 20.16%。省属公益类科研院所占全省科技活动主体、全省科研机构 R&D 经费比例分别为 2.72%、49.29%（表 3-8）。

表 3-8 2016 年福建省科技活动主体 R&D 经费内部支出情况   （万元）

机构类型	项目	2005 年	2010 年	2015 年	2016 年
福建省科学研究与开发机构	R&D 经费内部支出	21 500	65 400	154 800	186 000
	人均支出	4.43	11.74	21.41	24.97
福建省高等院校	R&D 经费内部支出	22 700	69 400	153 700	271 600
	人均支出	2.65	2.40	3.15	5.29
福建省大中型工业企业	R&D 经费内部支出	347 000	1 161 200	2 616 300	2 913 700
	人均支出	9.33	13.48	21.90	23.24
福建省属公益类科研院所	R&D 经费内部支出	—	12 023	96 662.7	91 673.6
	人均支出	—	4.90	40.21	39.16
合计	R&D 经费内部支出	391 200	1 296 000	2 924 800	3 371 300

从省属公益类科研院所与高校、大中型工业企业的 R&D 经费内部支出比较看，省属公益类科研院所的 R&D 经费内部支出占全省科研机构 R&D 经费内部支出的 62.44%，与高校的 R&D 经费内部支出比为 1∶1.59。从人均 R&D 经费内部支出比较来看，省属公益类科研机构最高，达 39.16 万元，高于高校（5.29 万元）、大中型工业企业（23.24 万元）和科学研究与开发机构（24.97 万元）（表 3-9）。

表 3-9 2016 年福建省科学研究与开发机构 R&D 经费内部支出比较

项目	2010 年	2015 年	2016 年
省属公益院所 R&D 经费支出占全省科技活动主体比例（%）	0.93	3.30	2.72
省属公益院所 R&D 经费支出占全省科研机构比例（%）	18.38	62.44	49.29
省属公益院所与高校 R&D 经费支出比	1∶5.77	1∶1.59	1∶2.96
省属公益院所与大中型工业企业 R&D 经费支出比	1∶96.58	1∶27.07	1∶31.78

3.3.2 省属公益类科研院所 R&D 经费内部支出分析

3.3.2.1 R&D 经费内部支出比较分析

R&D 经费内部支出包括 R&D 经常费用支出与 R&D 基本建设费两部分。

2016 年，省属公益类科研院所 R&D 经费内部支出合计 48 225.7 万元，其中 R&D 经常费用与 R&D 基本建设费分别为 45 925.1 万元、2 300.6 万元（表 3-10）。

表 3-10 2016 年福建省属公益类科研院所 R&D 经费内部支出　　　　（万元）

科研院所	经费内部支出	经常费用支出	基本建设费
福建省计量科学研究院	9 742.7	8 819.7	923
福建省水产研究所	5 167.4	5 167.4	0
福建省农业科学院水稻研究所	3 377.7	3 168	209.7
福建省农业科学院农业生物资源研究所	2 372.9	2 372.9	0
福建省中医药研究院	2 107	2 107	0
福建省农业科学院畜牧兽医研究所	2 088.5	1 996.4	92.1
福建省微生物研究所	2 041.6	2 041.6	0
福建省水利水电科学研究院	1 971.1	1 497.8	473.3
福建省农业科学院生物技术研究所	1 841.4	1 841.4	0
福建省林业科学研究院	1 581.8	1 416.2	165.6
福建省农业科学院茶叶研究所	1 366.2	1 219.8	146.4
福建海洋研究所	1 332.6	1 332.6	0
福建省农业科学院作物研究所	1 310.2	1 310.2	0

(续表)

科研院所	经费内部支出	经常费用支出	基本建设费
福建省农业科学院土壤肥料研究所	1 015.7	992.5	23.2
福建省农业科学院果树研究所	1 006.2	954.6	51.6
福建省医学科学研究院	988.8	988.8	0
福建省环境科学研究院	963.3	963.3	0
福建省农业科学院农业工程技术研究所	936.7	839.1	97.6
福建师范大学地理研究所	893	893	0
福建省热带作物科学研究所	696.6	678	18.6
福建省农业科学院质量标准与检测技术研究所	656.5	656.5	0
厦门大学抗癌研究中心	635	635	0
福建省农业科学院植物保护研究所	628.4	628.4	0
福建省农业科学院农业经济与科技信息研究所	614.1	595.3	18.8
福建省农业科学院亚热带农业研究所	611.6	530.9	80.7
福建省农业科学院食用菌研究所	610.2	610.2	0
福建省农业科学院农业生态研究所	531.9	531.9	0
福建省农业机械化研究所	413.8	413.8	0
福建省安全生产科学研究院	297.1	297.1	0
福建省测试技术研究所	196	196	0
福建省科学技术信息研究所	83.5	83.5	0
福建省淡水水产研究所	77.5	77.5	0
福建省闽东水产研究所	61.2	61.2	0
福建省标准化研究院	7.5	7.5	0
福建省农业区划研究所	0	0	0
福建省计划生育科学技术研究所	0	0	0
福建省体育科学研究所	0	0	0
福建省武夷山生物研究所	0	0	0

3.3.2.2 R&D 经常费用支出分析

R&D 经常费用支出按活动类型分,包括基础研究、应用研究、试验发展三部分。

2016 年,省属公益类科研院所 R&D 经常费用中基础研究、应用研究、试验发展分别为6 832.2万元、10 347.4万元、28 745.5万元（表3-11）。

表3-11　2016年福建省属公益研究院所R&D经常费用支出分析　　　（万元）

科研院所	基础研究	应用研究	试验发	合计
福建省计量科学研究院	0	441	8 378.7	8 819.7
福建省水产研究所	361.7	148.3	4 657.4	5 167.4
福建省农业科学院水稻研究所	327.5	680.2	2 160.3	3 168
福建省农业科学院农业生物资源研究所	98.5	202.3	2 072.1	2 372.9
福建省中医药研究院	1 678.9	428.1	0	2 107
福建省微生物研究所	65.2	1 619.3	357.1	2 041.6
福建省农业科学院畜牧兽医研究所	299.5	139.7	1 557.2	1 996.4
福建省农业科学院生物技术研究所	423.5	773.4	644.5	1 841.4
福建省水利水电科学研究院	0	0	1 497.8	1 497.8
福建省林业科学研究院	0	0	1 416.2	1 416.2
福建海洋研究所	0	1 332.6	0	1 332.6
福建省农业科学院作物研究所	103.8	40.5	1 165.9	1 310.2
福建省农业科学院茶叶研究所	150.8	283	786	1 219.8
福建省农业科学院土壤肥料研究所	245.5	395.2	351.8	992.5
福建省医学科学研究院	988.8	0	0	988.8
福建省环境科学研究院	0	758.5	204.8	963.3
福建省农业科学院果树研究所	93.3	221.7	639.6	954.6
福建师范大学地理研究所	679.6	65.7	147.7	893
福建省农业科学院农业工程技术研究所	83.9	394.4	360.8	839.1
福建省热带作物科学研究所	293.5	86.3	298.2	678
福建省农业科学院质量标准与检测技术研究所	193.5	405.8	57.2	656.5
厦门大学抗癌研究中心	349	286	0	635
福建省农业科学院植物保护研究所	342.3	105.4	180.7	628.4
福建省农业科学院食用菌研究所	26.9	470.7	112.6	610.2
福建省农业科学院农业经济与科技信息研究所	0	425	170.3	595.3
福建省农业科学院农业生态研究所	0	100.9	431	531.9
福建省农业科学院亚热带农业研究所	12	168	350.9	530.9
福建省农业机械化研究所	0	0	413.8	413.8

(续表)

科研院所	基础研究	应用研究	试验发	合计
福建省安全生产科学研究院	0	297.1	0	297.1
福建省测试技术研究所	0	0	196	196
福建省科学技术信息研究所	0	0	83.5	83.5
福建省淡水水产研究所	14.5	17.1	45.9	77.5
福建省闽东水产研究所	0	61.2	0	61.2
福建省标准化研究院	0	0	7.5	7.5
福建省农业区划研究所	0	0	0	0
福建省计划生育科学技术研究所	0	0	0	0
福建省体育科学研究所	0	0	0	0
福建省武夷山生物研究所	0	0	0	0

3.3.2.3 人均R&D经费内部支出比较分析

2016年，人均R&D经费内部支出最高为福建省农业科学院农业生物资源研究所46.53万元/人（表3-12）。

表3-12 2016年福建省属公益类科研院所人均R&D经费内部支出排名

（人，万元）

公益类科研院所	人均R&D经费内部支出	名次
福建省农业科学院农业生物资源研究所	46.53	1
福建省水产研究所	39.15	2
福建省农业科学院水稻研究所	32.48	3
福建省水利水电科学研究院	30.33	4
福建师范大学地理研究所	29.77	5
福建省计量科学研究院	29.17	6
福建省农业科学院生物技术研究所	28.33	7
厦门大学抗癌研究中心	25.4	8
福建省农业科学院作物研究所	23.82	9
福建省农业科学院土壤肥料研究所	22.57	10
福建省微生物研究所	21.72	11

(续表)

公益类科研院所	人均R&D经费内部支出	名次
福建省中医药研究院	20.66	12
福建省农业科学院食用菌研究所	19.68	13
福建海洋研究所	19.6	14
福建省农业科学院畜牧兽医研究所	18.32	15
福建省农业科学院茶叶研究所	16.26	16
福建省农业科学院农业工程技术研究所	16.15	17
福建省医学科学研究院	15.7	18
福建省农业科学院质量标准与检测技术研究所	15.27	19
福建省林业科学研究院	14.92	20
福建省热带作物科学研究所	14.22	21
福建省环境科学研究院	13.76	22
福建省农业科学院果树研究所	13.07	23
福建省农业科学院亚热带农业研究所	13.01	24
福建省农业科学院农业经济与科技信息研究所	11.37	25
福建省农业科学院农业生态研究所	9.85	26
福建省农业科学院植物保护研究所	9.38	27
福建省安全生产科学研究院	5.31	28
福建省测试技术研究所	3.38	29
福建省闽东水产研究所	2.78	30
福建省农业机械化研究所	2.71	31
福建省淡水水产研究所	1.02	32
福建省科学技术信息研究所	0.7	33
福建省标准化研究院	0.17	34
福建省农业区划研究所	0	35
福建省计划生育科学技术研究所	0	35
福建省体育科学研究所	0	35
福建省武夷山生物研究所	0	35

4 科研课题

4.1 科研课题类型及经费

科研课题是科研院所开展科技活动的最主要形式。省属公益类科研院所承担的课题研究主要有基础研究、应用研究、试验发展、研究与试验发展成果应用、科技服务5类。承担科研课题类型、经费支出等反映科研院所科研创新能力与水平。

4.1.1 科研课题数量分项

2016年，省属公益类科研院所承担科研课题2 102项，同比上年（2 052项）增加2.44%。从基础研究、应用研究、试验发展、研究与试验发展成果应用、科技服务的课题数量来看，应用研究、研究与试验发展成果应用较上年分别减少了5.11%、32.42%，其他类别的课题数量均有增长（表4-1）。

表4-1 2016年福建省属公益类科研院所各类科研课题数量分析 （项,%）

课题数	2015年数量	2016年数量	比重	增长率
合计	2 052	2 102		2.44
基础研究	352	411	19.55	16.76
应用研究	450	427	20.31	-5.11
试验发展	601	691	32.87	14.98
研究与试验发展成果应用	327	221	10.51	-32.42
科技服务	322	352	16.75	9.32

4.1.2 科研课题经费内部支出分析

2016年，基础研究、应用研究、研究与试验发展成果应用课题的政府资金支出占经费总支出的比例在90.55%～96.03%，科技服务课题的政府资金占经费支出的比例为96.10%（表4-2）。

表4-2 2016年福建省属公益类科研院所承担课题的经费内部支出中政府资金比例

(万元,%)

项目	2015年		2016年		增长率		
	课题经费内部支出	其中政府资金	课题经费内部支出	其中政府资金	政府资金比重	课题经费内部支出	其中政府资金
合计	31 519	30 229	39 962	38 047	95.21	26.79	25.86
基础研究	3 775	3 643	4 159	3 766	90.55	10.17	3.38
应用研究	5 192	4 860	5 853	5 562	95.02	12.73	14.44
试验发展	13 482	13 021	16 799	16 132	96.03	24.60	23.89
研究与试验发展成果应用	5 608	5 424	6 365	6 066	95.3	13.50	11.84
科技服务	3 462	3 280	6 786	6 522	96.1	96.01	98.84

4.1.3 院所科研课题比较分析

2016年，省属公益类科研院所承担科技项目课题经费排名前10位的依次是：福建省水产研究所（4 133.4万元，人均35.9万元，人均0.8项）、福建省计量科学研究院（3 664.0万元，人均13.2万元，人均0.2项）、福建省农业科学院农业生物资源研究所（3 419.3万元，人均67.0万元，人均2.0项）、福建省农业科学院水稻研究所（2 710.4万元，人均27.7万元，人均0.9项）、福建省农业科学院作物研究所（2 104.5万元，人均38.3万元，人均1.8项）、福建省环境科学研究院（1 704.5万元，人均28.9万元，人均0.8项）、福建海洋研究所（1 576.2万元，人均28.7万元，人均0.6项）、福建省农业科学院果树研究所（1 550.7万元，人均23.1万元，人均1.1项）、福建省微生物研究所（1 534.6万元，人均16.3万元，人均0.5项）和福建省农业科学院畜牧兽医研究所（1 432.8万元，人均16.3万元，人均1.5项）（表4-3）。

表4-3 2016年福建省属公益类科研院所承担科研课题 (项，万元)

研究院所	课题经费	课题数目	人均经费	人均课题数
福建省水产研究所	4 133.4	97	35.9	0.8
福建省计量科学研究院	3 664.0	64	13.2	0.2

(续表)

研究院所	课题经费	课题数目	人均经费	人均课题数
福建省农业科学院农业生物资源研究所	3 419.3	100	67.0	2.0
福建省农业科学院水稻研究所	2 710.4	93	27.7	0.9
福建省农业科学院作物研究所	2 104.5	100	38.3	1.8
福建省环境科学研究院	1 704.5	46	28.9	0.8
福建海洋研究所	1 576.2	33	28.7	0.6
福建省农业科学院果树研究所	1 550.7	76	23.1	1.1
福建省微生物研究所	1 534.6	48	16.3	0.5
福建省农业科学院畜牧兽医研究所	1 432.8	134	16.3	1.5
福建省农业科学院茶叶研究所	1 369.7	49	20.8	0.7
福建省农业科学院植物保护研究所	1 269.5	95	19.5	1.5
福建省农业科学院生物技术研究所	1 171.1	98	18.0	1.5
福建省淡水水产研究所	1 083.1	56	15.0	0.8
福建师范大学地理研究所	1 071.8	135	35.7	4.5
福建省林业科学研究院	995.2	77	9.9	0.8
福建省医学科学研究院	988.8	39	23.0	0.9
福建省水利水电科学研究院	943.1	12	15.2	0.2
福建省农业科学院土壤肥料研究所	811.6	75	19.3	1.8
福建省农业科学院农业生态研究所	803.2	90	15.4	1.7
福建省农业科学院农业工程技术研究所	787.4	107	15.4	2.1
福建省农业科学院食用菌研究所	683.3	28	25.3	1.0
福建省热带作物科学研究所	673.5	26	14.3	0.6
福建省科学技术信息研究所	667.6	45	5.7	0.4
福建省农业科学院农业经济与科技信息研究所	471.1	58	9.8	1.2
福建省中医药研究院	441.9	108	7.2	1.8
福建省农业机械化研究所	350.7	12	4.0	0.1
福建省农业科学院质量标准与检测技术研究所	330.6	34	7.9	0.8
福建省农业科学院亚热带农业研究所	305.7	80	7.8	2.1
福建省安全生产科学研究院	297.0	5	5.6	0.1
厦门大学抗癌研究中心	181.3	10	7.3	0.4

(续表)

研究院所	课题经费	课题数目	人均经费	人均课题数
福建省标准化研究院	140.0	39	3.6	1.0
福建省测试技术研究所	130.5	12	2.3	0.2
福建省闽东水产研究所	80.0	6	3.6	0.3
福建省农业区划研究所	55.0	4	2.9	0.2
福建省体育科学研究所	23.1	8	0.9	0.3
福建省武夷山生物研究所	6.3	3	1.6	0.8
福建省计划生育科学技术研究所	0.0	0	0.0	0.0

4.2 R&D课题来源及经费分析

省属公益类科研院所承担的R&D课题来源有国家科技项目、地方科技项目、企业委托科技项目、自选科技项目、国际合作科技项目和其他科技项目六大类。

4.2.1 R&D课题研究项目来源总体概况

2016年,省属公益类科研院所共承担R&D课题研究项目1 529项,同比上年增加126项,增加8.89%。2016年省属公益类科研院所承担R&D课题经费内部支出为26 812万元,同比上年增19.43%(表4-4)。

表4-4 2015—2016年福建省属公益类科研院所研究项目及经费支出情况

(项,万元,%)

	R&D课题来源数	R&D课题经费内部支出	单位R&D课题的经费支出额
2015年	1 403	22 449	16
2016年	1 529	26 812	17.54
增长率	8.98	19.43	9.59

4.2.2 科研课题研究项目来源分析

2016年,省属公益类科研院所承担的R&D课题以地方科技项目来源为主,其次是国际科技项目来源。地方科技项目课题数1 079项，占全部R&D课题总数的比重为70.57%，同比上年增长40.13%；地方科技项目经费内部支出15 501万元，占全部R&D课题经费内容支出总额的57.81%，同比上年增长68.91%。国家科技项目课题数为203项，占全部R&D课题总数的比重为13.28%，同比上年减少13.75%；国家科技项目经费内部支出8 572万元，占全部R&D课题经费内容支出总额的31.97%，同比上年减少13.75%（表4-5）。

表4-5　2016年福建省属公益类科研院所承担R&D课题数量及经费支出比例

（项，万元,%）

R&D课题来源	2015年 数量	2016年 数量	比重	增长率
合计	1 403	1 529	100	8.98
国家科技项目	314	203	13.28	-35.35
地方科技项目	770	1 079	70.57	40.13
企业委托科技项目	60	5	0.33	-91.67
自选科技项目	173	171	11.18	-1.16
国际合作科技项目	3	1	0.07	-66.67
其他科技项目	83	70	4.58	-15.66
R&D课题经费内部支出	经费	经费	比重	增长率
合计	22 449	26 812	100	19.44
国家科技项目	9 939	8 572	31.97	-13.75
地方科技项目	9 177	15 501	57.81	68.91
企业委托科技项目	318	27	0.1	-91.51
自选科技项目	1 522	1 626	6.06	6.83
国际合作科技项目	62	7	0.03	-88.71
其他科技项目	1 431	1 079	0.04	-24.60

2016年，R&D课题政府资金25 460万元，占课题经费内部支出比例为94.96%，同比上年增长18.29%。国家科研项目的政府资金为8 187万元，占课题经费内部支出的比例为95.51%，同比上年减少14.27%；地方科技项目的政府资金为14 680万元，占课题经费内部支出的比例为94.71%，同比上年增长64.21%（表4-6）。

表4-6 2015—2016年福建省属公益类科研院R&D课题经费支出中央政府资金情况

（项，万元，%）

R&D课题	2015年 政府资金	2016年 政府资金	政府资金 比重	政府资金 增长率
合计	21 524	25 460	94.96	18.29
国家科技项目	9 550	8 187	95.51	-14.27
地方科技项目	8 940	14 680	94.71	64.21
企业委托科技项目	69	0	0	-100
自选科技项目	1 486	1 512	92.99	1.75
国际合作科技项目	62	7	100	-88.71
其他科技项目	1 418	1 074	99.54	-24.26

4.2.3 R&D课题项目比较分析

2016年，省属公益类科研院所承担的R&D课题经费内部支出排名前10位的依次是：福建省水产研究所（人均0.84项，人均35.94万元）、福建省计量科学研究院（人均0.23项，人均13.23万元）、福建省农业科学院农业生物资源研究所（人均1.96项，人均67.05万元）、福建省农业科学院水稻研究所（人均0.95项，人均27.66万元）、福建省农业科学院作物研究所（人均1.82项，人均38.26万元）、福建省环境科学研究院（人均0.78项，人均28.89万元）、福建海洋研究所（人均0.60项，人均28.66万元）、福建省农业科学院果树研究所（人均1.13项，人均23.14万元）、福建省微生物研究所（人均0.51项，人均16.33万元）和福建省农业科学院畜牧兽医研究所（人均1.52项，人均16.28万元）（表4-7）。

表4-7 2016年福建省属公益类科研院R&D课题及经费内部支出排名情况

（人，项，万元）

研究所	课题总数	人均课题数	课题经费 内部支出	人均 课题经费
福建省计量科学研究院	54	0.19	31 803	11.48
福建省林业科学研究院	42	0.42	5 569	5.51
福建省农业机械化研究所	12	0.14	3 506.7	3.98
福建省微生物研究所	48	0.51	15 346.1	16.33

(续表)

研究所	课题总数	人均课题数	课题经费内部支出	人均课题经费
福建省标准化研究院	1	0.03	75	0.19
福建省农业科学院水稻研究所	90	0.92	24 244.3	24.74
福建省农业区划研究所	0	0.00	0	0.00
福建省水利水电科学研究院	12	0.19	9 431.4	15.21
福建省计划生育科学技术研究所	0	0.00	0	0.00
福建省农业科学院畜牧兽医研究所	120	1.36	12 698.7	14.43
福建省农业科学院果树研究所	67	1.00	10 004	14.93
福建省农业科学院茶叶研究所	42	0.64	11 910	18.05
福建省农业科学院作物研究所	81	1.47	13 102	23.82
福建省农业科学院农业工程技术研究所	77	1.51	4 704.7	9.22
福建省农业科学院植物保护研究所	57	0.88	6 283.6	9.67
福建省农业科学院农业经济与科技信息研究所	50	1.04	3 524.1	7.34
福建省农业科学院农业生态研究所	52	1.00	5 317.3	10.23
福建省农业科学院生物技术研究所	87	1.34	10 365	15.95
福建省环境科学研究院	19	0.32	4 610	7.81
福建省农业科学院土壤肥料研究所	54	1.29	5 532	13.17
福建省淡水水产研究所	41	0.57	774.9	1.08
福建省安全生产科学研究院	5	0.09	2 970.3	5.60
福建省农业科学院质量标准与检测技术研究所	22	0.52	2 279.9	5.43
福建省测试技术研究所	12	0.21	1 305	2.33
福建省中医药研究院	107	1.75	4 362.1	7.15
福建省体育科学研究所	0	0.00	0	0.00
福建省医学科学研究院	39	0.91	9 888	23.00
福建省科学技术信息研究所	6	0.05	835	0.71
福建师范大学地理研究所	75	2.50	8 930	29.77
福建省热带作物科学研究所	20	0.43	5 003	10.64
福建省农业科学院亚热带农业研究所	49	1.26	2 357.2	6.04
福建省武夷山生物研究所	0	0.00	0	0.00

（续表）

研究所	课题总数	人均课题数	课题经费内部支出	人均课题经费
福建省闽东水产研究所	4	0.18	612	2.78
福建省农业科学院农业生物资源研究所	70	1.37	23 729	46.53
福建省水产研究所	79	0.69	18 680.6	16.24
福建海洋研究所	9	0.16	4 986	9.07
厦门大学抗癌研究中心	10	0.40	1 813	7.25
福建省农业科学院食用菌研究所	16	0.59	1 563	5.79

4.3　2016年新增科研课题情况分析

2016年，新增课题842项。课题分布于89个学科方向，以前75%统计来看，集中于园艺学、农艺学、农业基础学科、植物保护学等方向，政府资金占2016年总资金的72%（表4-8）。

表4-8　2016年福建省属公益院校新增课题研究方向及数量　　　（项，%）

学科方向	项目数	累计百分比	学科方向	项目数	累计百分比
园艺学	163	19	林木遗传育种学	21	62
农艺学	69	28	环境工程学	21	64
农业基础学科	61	35	农产品贮藏与加工	19	66
植物保护学	48	40	中药学	17	68
畜牧学	36	45	环境学	14	70
土壤学	35	49	中医学	14	72
兽医学	31	53	农学其他学科	13	73
水产养殖学	29	56	物理学相关工程与技术	12	75
农业经济学	25	59			

2016年，科研课题面向37类社会经济目标，以前75%统计来看，集中于农作物种植及培育、农林牧渔业体系支撑、渔业、农林牧渔业发展一般问题等，政府资金占2016年总资金的65.82%（表4-9）。

表 4-9　2016 年福建省属公益院校新增课题的社会经济目标分析　　（项,%）

社会经济目标	项目数	累计百分比
农作物种植及培育	324	38
农林牧渔业体系支撑	113	52
渔业	57	59
农林牧渔业发展一般问题	44	64
环境治理	39	69
畜牧业	34	73
诊断与治疗	30	76

2016 年，科研课题服务 67 类国民经济行业，以前 75% 统计来看，分布在蔬菜、食用菌及园艺作物种植、水果种植、谷物种植、农业服务业等，政府资金占 2016 年总资金的 67.77%（表 4-10）。

表 4-10　2016 年福建省属公益院校新增课题所服务的国民经济行业分析　　（项,%）

服务的国民经济行业	项目数	累计百分比
蔬菜、食用菌及园艺作物种植	83	10
水果种植	66	18
谷物种植	65	25
农业服务业	61	33
其他专业技术服务业	56	39
生态保护	43	44
水产养殖	37	49
其他农业	33	53
中药材种植	31	56
环境治理业	29	60
林木育种和育苗	28	63
坚果、含油果、香料和饮料作物种植	28	67
渔业服务业	20	69
医学研究和试验发展	20	71
社会人文科学研究	18	73
牲畜饲养	17	75

5 科研成果与科技产出

5.1 获奖科研成果

2016年,省属公益类科研院所共获得:国家科学进步二等奖1项(第二完成单位);福建省科学技术进步奖17项,其中省科学技术奖一等奖4项、二等奖5项、三等奖8项;其他还包括中国水产学会第三届范蠡科学技术奖二等奖1项,2016—2017年度神农中华农业科技奖三等奖2项,第十届大北农科技奖2项,福建省科协第八届紫金科技创新奖2项,第五届中国创新创业大赛(福建赛区)暨第四届福建创新创业大赛优胜奖1项(表5-1)。

表5-1 2016年福建省属公益类科研院获省科学技术奖情况

奖项名称	项目名称	主要完成单位	主要完成人员
国家科学技术进步二等奖(1项)	林木良种细胞工程繁育技术及产业化应用	南京林业大学、福建省林业科学研究院	施季森、陈金慧、郑仁华、江香梅、王国熙
福建省科学技术进步奖一等奖(4项)	60MN叠加式力标准装置	福建省计量科学研究院、福州大学	姚进辉、许航、池辉、陈心东、杨晓翔、郭贵勇、王秀荣、赖征创、梁伟、林硕
	杉木速生优质高产新品种定向选育研究与应用	福建省林业科学研究院、南京林业大学、福建省洋口国有林场、福建省沙县官庄国有林场、福建省林木种苗总站、福建将乐国有林场	郑仁华、施季森、陈孝丑、谢国阳、边黎明、许鲁平、欧阳磊、李勇、李林源、方禄明
	福建红壤区水土保持—循环农业耦合开发模式与技术集成创新	福建省农业科学院农业生态研究所、福建省农业科学院畜牧兽医研究所、福建农林大学、福建师范大学地理研究所、福建森辉农牧发展有限公司、长汀县枫林生态农业有限公司	翁伯琦、罗旭辉、邢世和、陈松林、高承芳、赖友辉、范小明、张锦宇、应朝阳、林旗华

(续表)

奖项名称	项目名称	主要完成单位	主要完成人员
福建省科学技术进步奖一等奖（4项）	芽胞杆菌新资源挖掘及其生防菌剂的创制与应用	福建省农业科学院农业生物资源研究所、东莞市保得生物工程有限公司、厦门市江平生物基质技术股份有限公司	刘波、肖荣凤、刘国红、王阶平、车建美、陈峥、朱育菁、孙旭生、毛光平、夏江平
福建省科学技术进步奖二等奖（5项）	福建红黄壤茶园与旱地沃土技术模式研究与示范	福建省农业科学院土壤肥料研究所	黄东风、章明清、李昱、王煌平、李清华、林新坚、王利民
	草莓品种选育应用与品质相关基因分析研究	福建省农业科学院作物研究所、福州市蔬菜科学研究所	朱海生、花秀凤、温庆放、陈铣、陈爱华、李永平、陈敏氡
	重要作物害虫诱杀技术及产品研发应用	福建省农业科学院植物保护研究所、漳州市英格尔农业科技有限公司、漳州市中海高科生物科技有限公司	魏辉、陈丽萍、陈艺欣、王长方、林志平、田厚军、林硕
	南方李柰种质资源评价与创新利用	福建省农业科学院果树研究所	叶新福、周丹蓉、方智振、廖汝玉、潘少林、姜翠翠、曾洪挺
	东南沿海浅海五种特色经济底栖动物资源恢复技术集成与示范	福建省水产研究所、厦门大学、中国水产科学研究院南海水产研究所、浙江省海洋水产养殖研究所、福建师范大学、福建省水产技术推广总站	曾志南、柯才焕、陈丕茂、柴雪良、高如承、林国清、尤颖哲
福建省科学技术进步奖三等级（8项）	污染源在线监测计量标准化关键技术研究与应用	福建省计量科学研究院	罗峰、黄伟、卓晓丹、许航、汤新华
	戴云山羊高繁系的选育及关键配套技术研究	福建省农业科学院畜牧兽医研究所	李文杨、刘远、陈鑫珠、高承芳、张晓佩
	富含α-亚麻酸牧草品种筛选及草食动物利用技术	福建省农业科学院农业生态研究所、福建省农业科学院畜牧兽医研究所	冯德庆、黄秀声、陈钟佃、钟珍梅、黄水珍
	鸭源禽1型副黏病毒病病原学及诊断技术研究与应用	福建省农业科学院畜牧兽医研究所、福建出入境检验检疫局检验检疫技术中心	黄瑜、傅光华、施少华、程龙飞、白泉阳
	葡萄新品种引进与避雨栽培关键技术集成应用	福建省农业科学院果树研究所、福安市经济作物站、三明市梅列区种植业技术推广中心	雷龑、王道平、刘鑫铭、詹小敏、陈婷
	茯苓松蔸标准化栽培技术研究与应用	福建省农业科学院食用菌研究所、福建省测试技术研究所、福建省邵武市绿农食用菌有限公司、福建省长汀县英海食用菌研究所	蔡丹凤、陈丹红、郑朋武、蔡志欣、朱英飒

(续表)

奖项名称	项目名称	主要完成单位	主要完成人员
福建省科学技术进步奖三等级（8项）	台湾入闽果树重要病虫害监测技术及防控研究	福建省农业科学院植物保护研究所、福建农林大学、福建省德盛生物工程有限责任公司	李本金、吴梅香、史梦竹、陈庆河、李建宇
	重大入侵杂草空心莲子草防控关键技术研发与应用	福建省农业科学院植物保护研究所、中国农业科学院植物保护研究所、中国农业科学院农业环境与可持续发展研究所、江苏省农业科学院	傅建炜、万方浩、张国良、聂亚锋、史梦竹
中国水产学会第三届范蠡科学技术奖二等奖（1项）	罗非鱼优良品种培育、推广及产业化关键技术集成与创新	福建省淡水水产研究所	樊海平、钟全福、陈三木、翁祖桐、王茂元、陈艳翠、吴斌、林丽聪、秦志清、阙炳根
2016—2017年度神农中华农业科技奖三等奖（2项）	南方冬作区优质马铃薯新品种选育与配套栽培技术	福建省农业科学院作物研究所，中国农业科学院蔬菜花卉研究所，青海省农林科学院	汤浩，金黎平，王舰，罗文彬，郑旋，周云，段绍光，许泳清，李华伟，罗维禄
	畜禽养殖微生物发酵床综合技术的研发与应用	福建省农业科学院，中国农业科学院农业环境与可持续发展研究所，山东省农业科学院畜牧兽医研究所，江苏省农业科学院畜牧研究所，安徽省农业科学院畜牧兽医研究所	刘波，蓝江林，盛清凯，郑雪芳，耿兵，车建美，李兆龙，顾洪如，唐建阳，钱坤
第十届大北农科技奖（2项）	南方红壤山地草业发展体系构建与高效循环利用技术	福建省农业科学院农业生态研究所；福建省农业科学院畜牧兽医研究所；福建省农业科学院农业工程技术研究所；福建省农业科学院土壤肥料研究所；中国农业科学院农业资源与农业区划研究所	翁伯琦；罗涛；王义祥；徐国忠；应朝阳；黄毅斌；胡清秀；林代炎；董晓宁；江枝和；黄勤楼；罗旭辉；黄秀声；高承芳；钟珍梅
	微生物发酵床畜禽健康养殖与污染治理技术的研究与应用	福建省农业科学院；中国农业科学院农业环境与可持续发展研究所；山东省农业科学院畜牧兽医研究所；江苏省农业科学院畜牧兽医研究所；安徽省农业科学院畜牧兽医研究所	刘波；陈倩倩；盛清凯；蓝江林；耿兵；张海峰；顾洪如；黄勤楼；钱坤；王阶平；史怀；陈华；郑雪芳；王隆柏；车建美
福建省科协第八届紫金科技创新奖（2项）	长汀红壤侵蚀区生态经济型植被恢复技术研究	福建省林业科学研究院	李建民
	优质香型超级稻宜优673选育与应用	福建省农业科学院水稻研究所	黄庭旭

(续表)

奖项名称	项目名称	主要完成单位	主要完成人员
第五届中国创新创业大赛暨第四届福建创新创业大赛优胜奖（1项）	植物精油产品及其芳香氧疗技术研发	福建省农业科学院亚热带农业研究所	郑开斌、邱珊莲、吴维坚、余慧华、李爱萍、钟军斌、黄慧明、徐晓俞、鞠玉栋、杨敏、李珊珊、林霜霜、郑菲艳

5.2 重要科研项目进展

2016年，省属公益类科研院所承担的科研课题在关键技术研发方面取得了重要进展。

5.2.1 农业科学研究新进展

5.2.1.1 农业种质资源收集与评价方面

（1）福建省热带作物科学研究所

收集到野牡丹科野生植物种质资源23份，并进行了种质资源的鉴定与初步评价与种质繁殖技术的研究。

（2）福建省热带作物科学研究所

引进辣木印度原种、改良种PKM1、PKM2、非洲辣木、云南热作所自选品系Y1以及在中国台湾、泰国、缅甸等国种植的品种（品系）10个，进行育苗技术研究，选用不同的基质、育苗温度及种子预处理等方法，探讨了辣木高效育苗技术。

（3）福建省农业科学院植物保护研究所

初步建成食品工业微生物（MFCs）种质资源库1个，库存量达2 000份菌种以上，新增收集资源样品75份、分离筛选并纯化霉菌菌株98株，选育出特异MFCs 4株：紫色红曲菌（*Monascus purpureus*）FJMR24、红曲菌FJMR16、酿酒酵母（*Saccharomyces cerevisiae*）JH301和酵母JJ2。紫色红曲菌（*Monascus purpureus*）FJMR24的淀粉酶、糖化酶、蛋白酶活力分别达2 200U/g、2 330.4U/g和517.9 U/g，生长环境偏酸性、耐受15℃低温与18%酒度。酿酒酵母（*Saccharomyces cerevisiae*）JH301的产尿素水平仅为17.85mg/L、产杂醇油水平仅为117.12mg/L、耐受酒精水平达18.5%、能在10 ℃低温下起动发酵、综合发酵性能优良。以收集的近40份红曲米为菌源，经多次分离纯化、透明圈法初筛，获得产淀粉酶和糖化酶较高霉菌9株，产蛋白酶较高的霉菌9株。

(4) 福建省农业科学院茶叶研究所

征集保存广东、台湾、云南及福建漳浦、诏安、武夷山、屏南等特色茶树种质 50 多份。夏秋两季扦插繁育 150 多个茶树种质（含育种材料）。完成杂交后代与福建省茶树品种资源、地方资源的 DNA 提取，蛋白组学与转录组学报告结果的整理，8 个样品送检，测定香气物质含量，整理网络结构分析及 WGCNA 分析资料一份。初步获得基于福建省乌龙茶品种资源的 SSR 标记 3 000 余对。收集金观音（母本）与白鸡冠后代（父本）人工杂交 F1 后代 15 个。

(5) 福建省农业科学院茶叶研究所

在福安及省级区试点等对 220 个种质（新品种、系、单株）进行主要农艺性状调查、鉴定，茶类适制性制样 350 多个，及部份新品系配套加工工艺试验。初步筛选出特早生、紫芽、高香等优特种质 20 多个，其中高香优质绿茶新品系 2 个、乌龙茶新品系 3 个。80 多个茶树种质样品常规生化检测；20 多个样品氨基酸组份检测；30 多个紫色种质花青素测定，初步筛选出高花青素种质 5 个、高氨基酸种质 3 个。

(6) 福建省农业科学院茶叶研究所

完成缺氮处理下茶树光合、生物量等测定，基因 ICE1 于 CBF1 克隆及其表达试验。开展 100 多份茶树种质抗旱性、油脂筛选。

(7) 福建省林业科学研究院

杉木速生优质高产新品种定向选育研究与应用，该成果选择、收集保存杉木基因型 3 251 份，建立了国家级杉木种质资源异地保存库；将种质资源表型性状与 SSR 标记结合，系统分析了种质资源遗传多样性，构建了多世代育种核心种质群体，建立了第三代良种生产群体。应用最佳线性无偏预测的混合线性模型，系统评估了第二代遗传测定林重要经济性状遗传参数及遗传结构在一个轮伐期的动态变化，后向选择出材积遗传增益高于 10.5% 的育种亲本 31 个；基于 382 个第三代家系的多点测定，筛选出稳定速生型优良家系 21 个、杂交组合 7 个。构建由 493 个优良基因型组成的杉木第四代育种群体。研究建立了有性和无性结合的杉木良种生产技术体系采用了树形、花粉和水肥等调控技术措施，实现第三代种子园良种高产稳产；优化了杉木组培快繁技术工艺，实现了洋 020、洋 061 等优良无性系种苗产业化。

(8) 福建省微生物研究所

已建成含 100 多株红曲生产菌株的资源库，采用传统方法结合现代分子生物学技术进行菌种鉴定，并通过固态发酵初步分析其活性代谢产物和毒性物质，发现了十多株具有产降血脂功能成分的红曲菌株，个别菌株产毒物质符合欧洲标准，产业化潜力巨大。

(9) 福建省水产研究所

收集保存牡蛎良种和种质资源 500 份以上，保有鲍家系 200 个、选育群 15 个，收集和保存各种类鲍精子 25 份以上。

(10) 福建省农业科学院亚热带研究所

从第五轮集成示范 9 个甘蔗新品种中初步筛选出粤甘 46 号、FN09－4095、云蔗 08－1609、桂糖 44 号四个抗旱性强、宿根性好，平均单产比对照增产 5% 或增糖 0.5 个百分点，抗 1 种以上甘蔗主要病害品种供体系进一步试验示范。

5.2.1.2 农业新技术研发方面

(1) 福建省农业科学院农业工程技术研究所

先以低浓度乙醇溶液为溶剂，辅以超声波处理最大程度分离出小分子成分，然后再以水为溶剂采用超声波—内部沸腾法进行提取，高浓度乙醇溶液沉淀出杏鲍菇多糖。较传统的水提法、醇提法等方法，该技术提取速度及提取率都有明显的提高，杏鲍菇多糖得率达 11% 以上，比传统方法提高了 17%~59%；且最大程度的保持了杏鲍菇多糖活性，整个提取过程耗时短，得率高、杂质少、成本低。

(2) 福建省农业科学院农业工程技术研究所

采用常规真空冷冻设备，通过对香菇水提物采用分段包被调理，结合阶梯式加热辅助真空冷冻干燥流程优化，解决香菇水提物干燥过程中的时间长、能耗高、效率低、芳香成损失及易吸潮等问题，使香菇水提物溶液真空冷冻干燥时间比传统缩短了 18~55h，效率得到大大提高，且能耗明显降低；同时干燥的香菇水提物中含有均匀分散的 β-环糊精，既有效保护了香菇水提物中的芳香成分，又不易吸潮，有利于后续的再加工。

(3) 福建省农业科学院农业工程技术研究所

研究了陶缸厚度、环境温度和陶缸内起始氧气含量对陶缸氧气透气率影响，建立了陶缸氧气透气模型，$Y=24.787-6.644X_1-2.157X_3+1.332X_1X_3-1.342X_2X_3$。明确了传统陶缸的氧气透气特性；研究明确了红曲黄酒在陶缸贮藏期间溶解氧含量的变化及其对主要品质的影响，设计了自动化陈酿设备，研发出红曲黄酒缓慢微量供氧仿缸大罐陈酿技术。仿缸陈酿与传统陶缸陈酿的品质相当，总酯提高 5.3%，与不加氧罐贮陈酿比，总酯提高了 19.3%，贮藏成本节约 30% 以上，单位面积陈酿能力增加 3 倍以上。

(4) 福建省农业科学院农业工程技术研究所

利用紫外可见分光光度计法和 HPLC 法，检测了不同处理后获得的刺葡萄细胞培养物中的花青素和原花青素含量，并进行相关的数据分析，筛选出较佳的处理方式，以提高刺葡萄细胞中花青素和原花青素的含量。

(5) 福建省农业科学院茶叶研究所

建立了一套"茶小绿叶蝉抗药性快速检测方法",完成武夷山、福安、柘荣、安溪茶区茶小绿叶蝉对联苯菊酯、唑虫酰胺、高效氯氟氰菊酯、帕力特、溴氰菊酯的抗药性测定,完成收集各茶区叶蝉标本150mg(约500头3~4龄叶蝉),送往广州进行蛋白质组学研究(抗药性机理)。

(6) 福建省林业科学研究院

运用细胞工程技术实现林木良种的快速繁育,建立了诱导发生率高、同步性好的体细胞胚胎发生技术体系,实现了林木良种的快速、高效繁殖。以杂交鹅掌楸、杉木优良杂交组合为材料,突破胚性细胞高频诱导和增殖、体胚高频诱导及体胚同步化发育调控、体胚发育进程加速、体胚发生能力长期维持等技术,实现高频、同步化体胚发生和植株再生。

(7) 福建省农业科学院畜牧兽医研究所

开展了福建地方黑番鸭种质特性研究,并发明一种鉴定番鸭、家鸭和半番鸭的DNA标记方法;揭示了地方和选育系黑番鸭早期生长发育规律;创建了黑番鸭新品系选育技术路线,成功培育出2个特色且性能优秀的黑番鸭新品系。利用SSR分子标记鉴定草莓品种方面取得了重大进展,通过20对SSR引物对五种生产上推广中试的草莓品的试验筛选,得到了7对可以鉴别不同草莓品种的引物,初步构建起草莓的SSR分子标记品种鉴别体系。

(8) 福建省农业科学院生物资源研究所

自行设计和制造了具有温度、湿度和氧气信号反馈智能控制的卧式固体发酵装备,研究出高温热灭活和功能发酵菌活性提升的一机两段式发酵工艺和技术。研发出可实现配料、发酵、造粒、包装、码垛等全过程自动化生产线,降低成本50%左右,生产效率提高20%左右,在东莞和厦门等地实现了规模化生产。

5.2.1.3 农产品加工技术方面

(1) 福建省热带作物科学研究所

引进辣木印度原种、改良种PKM1、PKM2、非洲辣木、云南热作所自选品系Y1以及在中国台湾、泰国、缅甸等国种植的品种(品系)10个,进行育苗技术研究,选用不同的基质、育苗温度及种子预处理等方法,探讨了辣木高效育苗技术。

(2) 福建省农业科学院农业工程技术研究所

以工厂化栽培杏鲍菇副产物(主要是菇头)为原料,选取干燥速率、感官评分、色泽明亮度L*和硬度的综合值为评价指标,对即食杏鲍菇真空干燥特性进行研究,60℃是即食杏鲍菇真空干燥的最佳温度。

(3) 福建省农业科学院农业工程技术研究所

为了提高杏鲍菇多糖得率，推动杏鲍菇产业发展，利用响应面分析法对杏鲍菇多糖的超声波—内部沸腾法提取工艺进行优化，建立了乙醇浓度、液料比、提取时间、提取温度和超声波功率的五因素回归模型，分析了模型的有效性与因子间的交互作用。结果表明：杏鲍菇多糖提取最佳工艺条件为乙醇浓度 47%、液料比 23、提取时间 8min、提取温度 90℃、超声波功率 475W，在此条件下杏鲍菇多糖得率可达 11.05%。

(4) 福建省农业科学院农业工程技术研究所

以杏鲍菇菇头、面粉、白糖等作为主要原料，进行杏鲍菇酥饼加工工艺研究。正交试验及感官分析结果显示：油皮与油酥比为 3∶5；油皮最佳配方为高筋面粉 70%、杏鲍菇菇头粉 5%、泡打粉 0.9%；油酥最佳配方为低筋面粉 45%、杏鲍菇菇头粉 10%、植物油 30%、白砂糖 15%。通过此配方工艺制得的杏鲍菇酥饼色泽金黄、口感酥脆、杏鲍菇特有的香味浓厚。该研究提高了传统酥饼的营养。

(5) 福建省农业科学院农业工程技术研究所

研究开发富硒高纤咀嚼片，确定最佳主辅料配比及成型制备工艺。以咀嚼片硬度、脆碎度、崩解时间等多项指标综合评价成型的富硒高纤咀嚼片，探讨制片压力、富硒麦麸菌粉比例、原料粒度等工艺参数对咀嚼片质量影响，最终制备出口感、质地、风味俱佳、营养丰富的富硒高纤产品。

(6) 福建省农业科学院农业工程技术研究所

通过优化秋葵粉的细度、玉米淀粉的配比、拌料温度及面团含水率等工艺参数，有效控制了面团筋度、降低了秋葵饼干的硬度、提高了秋葵饼干的成品率；采用速冷技术，提高了秋葵饼干的储藏稳定性和适口性。

(7) 福建省农业科学院农业工程技术研究所

通过不同的柚苷酶添加量、温度、pH 值、时间等单因素及正交试验对平和琯溪蜜柚汁酶法脱苦工艺进行了优化，结果表明，在琯溪蜜柚原汁 pH 状态下，添加 $0.8g \cdot L^{-1}$ 柚苷酶，置于 45℃中水浴 1h。在此条件下，蜜柚汁的柚皮苷去除率达 90.25%、柠檬苦素去除率达 87.09%、维生素 C 损失率为 11.33%，能实现良好的风味特征。

(8) 福建省农业科学院农业工程技术研究所

通过酶种类的筛选、复合酶配比优化，酶解 pH、酶作用温度、酶添加量及酶作用时间等条单因素分析及 Box-Benhnken 试验设计，优化得到了复合酶解技术延缓米粉回生过程的工艺条件：酶解 pH 值为 5.9，酶解温度为 56℃，复合酶总添加量为 $0.70\mu g/g$，酶解时间 120min。

(9) 福建省农业科学院农业工程技术研究所

以红曲酒糟为原料，经过生物酶解、科学增香，创制红曲黄酒酒糟多肽复合调味液新产品，实现红曲黄酒加工副产物酒糟的高值化利用。利用响应面法优化酒糟蛋白质酶解条件研究，蛋白酶分段酶解的方法酶解酒糟蛋白质，蛋白水解度达到 74.0%。

（10）福建省农业科学院茶叶研究所

采用人工控制变温变湿萎凋技术，成功研制出以金观音、黄玫瑰、黄金桂、金牡丹等叶色偏黄、发酵性能较好的乌龙茶品种为原料的白茶小饼，具有花香浓郁、滋味醇厚、鲜爽等特点。初步明确白茶萎凋过程中，滋味风味的形成明显滞后于香气，且萎凋过程中在制品产生了花香风味，但在成品茶中花香风味消失。调节白茶香气与滋味的形成进程，有可能在保持白茶风味不减的条件下，缩短萎凋进程，并使成品白茶具有花香品质。完成萎凋样品香气 HS – SPME – GC – MS 检测；完成了 69 只茶叶香气物质单体采购与整理；

（11）福建省农业科学院茶叶研究所

多茶类大宗茶连续化、自动化加工技术研究：进行了不同摊晾条件与摊晾程度对大宗绿茶品质的影响试验，完成了不同摊晾样品制备与品质感官审评。

（12）福建省农业科学院茶叶研究所

铁观音风味品质化学评价与鉴定技术研究：对 49 个铁观音样品进行香气、滋味为主的感官审评，参照专家审评意见筛选出 16 个风味品质较明显的样品，将筛选出的 16 个风味品质较明显的样品以及将部分陈年铁观音样品、铁观音加工过程样品，以国标方法进行干物质含量、水浸出物含量、多酚类含量、游离氨基酸含量以及可溶性碳水化合物含量的检测。采用顶空固相萃取方法，完成 16 个风味品质较明显的铁观音茶粉以及茶汤香气成分检测。完成铁观音样品的儿茶素组分与嘌呤碱 HPLC 检测。

（13）福建省农业科学院茶叶研究所

茶叶有机酸检测方法建立与应用技术研究：完成春、秋两季不同风味铁观音（正味型和拖酸型）加工过程中的取样工作，完成春季茶样生化成分检测，完成春、秋两季茶样香气的 GC – MS 检测。

（14）福建省农业科学院茶叶研究所

烘焙类茶食品加工技术研究与中试生产：开展茶面包配方筛选正交实验，筛选出最优组合是超微绿茶粉 1%、绿茶精油 0.2‰或不添加、糖 15%（以面粉重量 100% 计）。开展了茶面包配方筛选试验，超微茶粉添加量 1%、黄油添加量 6.5%、糖添加量 15%（以面粉 100% 计），适口性最好。

（15）福建省水产研究所

组构建了石斑鱼神经坏死病毒基因工程疫苗表达载体体系，生产了多批疫苗，制备了兔抗斜带石斑鱼抗体的二抗；在育苗场进行了石斑鱼病毒性神经坏死病毒基因工程疫苗用于斜带石斑鱼苗种培育的初步生产试验，培育了无神经坏死病毒高抗病力石斑鱼苗种。

(16) 福建省农业科学院植物保护研究所

针对榕树、虎皮兰、兰花、水仙等特色盆栽花卉，规范它们的栽培管理及出口加工流程，制定与之相适的生产管理规范，制定设施盆栽花卉规范化生产管理规范，更大发挥主要病虫害绿色防控技术使用潜能。对集成的优势盆栽花卉品种及不同设施栽培环境下的主要病虫害绿色可持续控制技术方案进行示范应用。

(17) 福建省农业科学院植物保护研究所

选持疫霉菌 DNA 条形码候选基因并对这些候选基因在疫霉属卵菌分类鉴定中的适用性进行了评价分析，在筛选出适宜疫霉菌分类、鉴定的 DNA 条形码基因的基础上，利用 DNA 条形码基因开展了疫霉菌部分重要物种的快速分子检测和鉴定技术。

(18) 福建省农业科学院果树研究所

开展黄金蜜柚苗木嫁接技术、高光效修剪技术、延长柚果挂树期等技术创新研究，并进行黄金蜜柚科学施肥、生草栽培、套袋技术、病虫害生物防治研究，提供新品种配套优质高效栽培技术。

(19) 福建省农业科学院生物资源研究所

创建了养殖废弃物处理微生物资源库，建立了环境和饲用益生菌筛选方法，成功地筛选出 7 株粪污降解新菌种，其中 1 株获得国际原核微生物系统委员会认定，筛选了饲用益生菌 7 株，其中 1 种获得饲用添加剂登记证，并揭示了其作用机理。

(20) 福建省农业科学院生物资源研究所

创新了发酵床垫料资源化利用技术与装备，成功研制出机器人堆垛自发热隧道式固体发酵功能性生物基质自动化生产线，创制出一批功能性生物基质新产品，实现养殖发酵垫料资源化利用。

(21) 福建省农业科学院生物资源研究所

对短短芽胞杆菌 FJAT-0809-GLX 活性物质提取方法进行了优化和鉴定分析，确认为羟苯乙酯，并完成了该菌株的全基因组测序。该物质对龙眼果皮 PPO 酶和 POD 酶具有较好的抑制作用，同时可以清除 DPPH 自由基和羟基自由基，并对采后病原真菌和细菌（革兰氏阳性和革兰氏阴性）具有较强的抑制能力，能显著提高龙眼的保鲜效果。

5.2.2 医疗保健新进展

(1) 福建省中医药研究院

六味地黄丸治疗 POP 肾阴虚证的免疫机制可能与其调控 JAK/STAT 信号通路中的 IRF1 基因相关，IRF1 基因可能是六味地黄丸治疗 POP 肾阴虚证的一个重要关键基因。这不仅为防治 PMOP 提供了一个新的靶点基因，而且为推广六味地黄丸治疗也提供了强有力的科学依据。

（2）福建省中医药研究院

瞄准围绝经期失眠这一是严重危害身心健康的常见疾病。发挥中医治疗特色，运用临床专病效验方——更年安神方治疗围绝经期失眠症患者，按照中医临床研究规范对其疗效及机理进行了探讨，研究表明更年安神方能提高失眠患者血浆中 5-HT 含量及降低 NE 含量等，改善患者心烦、时寐时醒、手足心热、耳鸣、颧红、口干等临床症状，提高患者睡眠质量。

（3）福建省中医药研究院

三伏隔姜灸达到 9 壮及 9 壮以上能增加哮喘型新西兰兔胸腔体表温度，可能通过诱导出"气至病所"从而显著下调肺组织中 TGF-β1 蛋白及基因表达，抑制 TGF-β1 的合成；显著下调肺组织 MMP-9 蛋白及基因表达，抑制 MMP-9 的合成，使细支气管形态结构发生良性变化，从而改善支气管哮喘型新西兰兔气道重塑，有效地缓解支气管哮喘症状。同时，胸腔体表温度与隔姜灸的量呈正相关，温度的提升可能为隔姜灸时达到气至病所的相关指标之一。

（4）福建省中医药研究院

从体内外探讨"黄芪—葛根"药对及其有效成分如"黄芪甲苷""葛根素"抗胃黏膜损伤、胃癌的作用差异，并从抗氧化应激通路 Keap1-Nrf2-ARE 初步探讨其作用机制。目前已在体内证实①黄芪—葛根药对、"黄芪甲苷""葛根素"及其配伍对无水乙醇诱导的大鼠胃黏膜损伤具有较好的保护作用；②"黄芪—葛根"药对、"黄芪甲苷"能够保护消炎痛诱导的大鼠胃黏膜损伤；③"黄芪甲苷—葛根素"配伍在胃黏膜保护方面具有一定的协同增效作用；④"黄芪—葛根"药对及其单体成分保护胃黏膜的作用与抗胃黏膜组织氧化应激水平有关。进一步的机制发现，"黄芪—葛根"药对，"黄芪甲苷""葛根素"的胃黏膜保护作用可能与上调"Keap1-Nrf2-ARE"通路相关抗氧化、解毒酶基因和蛋白的表达有关。

（5）福建省微生物研究所

"重大新药创制"子课题"创新抗耐药抗生素研制及重大品种的综合技术提升"的子课题"富马酸贝达喹啉原料药及制剂的研发"、子任务"米诺环素合成工艺的改进"进展顺利：抗多重耐药结核菌贝达喹啉药物已完成原料药中杂质的跟踪研究，并完成中试放大的准备；米诺环素新合成工艺进一步优化。

（6）福建省医学科学研究院

由福建省医学科学研究院科研人员承担的省属公益类基本科研专项，并依托福建省医学测试重点实验室，经过多年的科研实验，研制出了治疗脂肪肝的纯中药复方制剂，并就该方的配方及制备方法申请了国家发明专利，在2016年该专利得到国家专利局的专利授权。

5.2.3 其他领域新进展

5.2.3.1 资源与环境保护方面

（1）福建省农业科学院农业工程技术研究所

研发规模化养猪场粪污处理生态循环系统，通过优化设计，方便对沼气反应罐的调节控制，可以使其内的温度处理合理反应温度状态，具有系统稳定可靠、使用简单，能够满足生态循环需求。

（2）福建海洋研究所

尝试使用无人机携带可见光、热红外传感器对用海项目施工期的悬浮泥沙扩散、电厂营运期的温水排放对海域资源环境的影响进行分析和探讨，对用海项目资源环境影响的实时动态跟踪监测。

（3）福建海洋研究所

跟踪研究平潭岛规划实施状况，利用遥感和GIS技术分析海岛开发对海岛资源和生态环境影响；定期对海岛重点海域地质环境进行跟踪测量，研究开发建设对海洋地质环境的影响。

（4）福建省计量科学研究院

首创烟气监测系统计量检定规程，创新性地解决了污染源监测设备系统比较、原位检定的计量标准和方法；首创二氧化硫、氮氧化物、化学需氧量、氨氮四个关键指标原位现场检定的流动实验室，实现安全可靠的工作条件、数据实时评鉴和远程有效性评价；原创性地解决了复杂条件下监测系统实时评价的计量技术关键。项目成果直接应用于福建省政府"十二五"污染源在线监测设备的质量控制审核、监控数据有效性以及监测设备运行符合性考核和计量评价，使福建省成为全国唯一实现污染源在线监测设备计量评价的省份。

（5）福建省林业科学研究院

以长汀红壤强度侵蚀区、崩岗侵蚀区、矿山废弃地和中轻度侵蚀区为研究对象，研究了土壤侵蚀过程和发生机制，系统开展了侵蚀地植被恢复模式的物种多样性、土壤肥力、水土流失特征等研究，构建了水土流失综合治理的植被快速恢复技术体系，实现了侵蚀区综合治理与生态经济型植被恢复模式的集成与创新，为南方红壤水土流失区的综合治理提供了技术支撑。

（6）福建省林业科学研究院

利用 PRS 模型和层次分析法构建滨海湿地生态安全评价体系，并对漳江口红树林湿地生态安全进行评价。深入分析了研究区内滩涂上人类活动类型红树林下、近海滩涂、公有河道捡拾海产品以及养殖滩涂生产活动在不同季节和时间人类活动频度和强度。利用依赖系数衡量周边社区经济对湿地资源的依赖程度，摸清社区经济对漳江口红树林湿地的直接和间接依赖方式，提出了社区共管和生态补偿等促进社区与湿地保护区协同发展的对策。

5.2.3.2 信息平台与标准化建设方面

（1）福建省测试技术研究所

闽台珠宝首饰互认标准《MTHR 006-2016 珠宝玉石名称及特征》经行业专家评审通过。闽台互认标准的制定、发布与实施是闽台标准化合作的一项重要成果，将对福建、台湾两地珠宝首饰贸易往来起到规范作用。

（2）福建省中医药研究院

科技部中药及健康产品研发专业技术服务平台，为企业提供临床前药效及一般毒理学、中成药/功能食品等的配方及工艺研究、质量标准制定、保健品功效试验等技术服务；主要承担中药新药的 II~IV 期临床试验评价工作；中医学、针灸学、信息技术、仪器仪表多学科交叉团队，与企业合作开发小型中医诊疗、美容保健仪器。

（3）福建省中医药研究院

制定太子参良种繁育技术规范和种子、种苗标准，建立无公害种植过程中田间管理规范；制定人工种植太子参药材采收、产地加工规范及标准；为太子参质量保障提供依据。

（4）福建省标准化研究院

制定的地方标准《美丽乡村建设指南》，该标准有效地整合了我省美丽乡村建设相关文件和技术指南的精神，在我省形成了规划引领、标准支撑、连线成片、常态保洁等有效机制。

（5）福建省科学技术信息研究所

依托省级公益类科研院所现有信息服务平台，研发独立运行的，具备科研管理信息与院所其他信息服务系统统一认证、信息资源的整合检索、数据共享交换等功能的科研管理信息平台，满足科研院所多层次的信息使用和管理需求。

（6）福建省医学科学研究院

构建科研支撑平台，借与省立医院深度融合为契机，整合优势资源，在医科院建设全省开放共享的科技支撑平台（包括公共实验平台、省级实验动物平台、技术研发创新平台等），成立精准医疗与肿瘤基因高通量筛查-转化医学中心、精准医疗与聋病防控-遗传性分子诊断中心、新药创制和个体化用药研究-药学科技服务中心三个研究中心以及高血压、癫痫与线粒体疾病血药浓度监测-医学检验所一个，并在卫计委统一指导下筹建服务全省医学科研的实验动物中心。

5.2.3.3 安全生产方面

（1）福建省安全生产科学研究院

通过优化矿井现有通风网络及通风设施布置，开发软件自动计算矿井生产中段通风阻力及各时段所需风量，建立数据信息平台，采用风速传感器、变频调速器等设施自动调控生产中段各时段所需风量。实现矿井生产中段风量的自动化、信息化控制，避免风量不足威胁井下作业人员人身安全和身体健康。同时，可节能降耗：使矿井主要通风机和辅助通风机的电费节省20%以上；矿井有效风量率提高到75%以上。

（2）福建省安全生产科学研究院

通过对金属非金属矿山在用空压机安全检测检验技术研究，形成非煤矿山在用空压机安全检测检验的方法及判定准则，满足全省非煤矿山企业安全生产的需求。

5.3 审（认）定的新品种

2016年，省属公益类科研院所共有审定品种32个，其中农作物品种审定数量最多的为福建省农业科学院水稻所（16个）（表5-2）。

表5-2 2016年福建省公益类科研院所所审（认、鉴）定新品种情况

序号	审（认、鉴）定编号	作物种类	品种名称	选育单位单位
1	闽审稻2016001	早稻	泰优202	福建省农业科学院水稻研究所、广东省农业科学院水稻研究所
2	闽审稻2016002	中稻	M76优3301	福建省农业科学院生物技术研究所、福建农林大学作物科学学院
3	闽审稻2016003	中稻	赣优676	福建省农业科学院水稻研究所、福建兴禾种业科技有限公司、江西省农业科学院水稻研究所
4	闽审稻2016005	中稻	元优202	福建省农业科学院水稻研究所、福建旺穗种业有限公司、三明市农业科学研究院

(续表)

序号	审（认、鉴）定编号	作物种类	品种名称	选育单位单位
5	闽审稻2016006	中稻	元优2105	福建省农业科学院水稻研究所、三明市农业科学研究院
6	闽审稻2016007	中稻	福优366	福建省农业科学院水稻研究所、福州农丰源种业有限公司
7	闽审稻2016009	晚稻	华两优673	福建省农业科学院水稻研究所、中种集团福建农嘉种业股份有限公司
8	闽审稻2016010	晚稻	旗1优366	福建省农业科学院水稻研究所、福建吉奥种业有限公司
9	闽审稻2016011	不育系	华福S	福建省农业科学院水稻研究所
10	闽审稻2016012	不育系	钧达A	福建省农业科学院水稻研究所
11	闽审稻2016013	不育系	臻达A	福建省农业科学院水稻研究所
12	闽审稻2016014	不育系	福田1A	福建省农业科学院水稻研究所
13	闽审稻2016015	不育系	福兴1A	福建省农业科学院水稻研究所、福建师范大学
14	闽审稻2016016	不育系	旗1A	福建省农业科学院水稻研究所、福建师范大学
15	闽审稻2016019	晚稻	宜优2013	福建省农业科学院水稻研究所
16	闽审稻2016021	晚稻	钧优727	福建省农业科学院水稻研究所、福建兴禾种业科技有限公司、四川省农业科学院作物研究所
17	闽审稻2016026	晚稻	泰优2328	福建省农业科学院水稻研究所、广东省农业科学院水稻研究所
18	闽认菜2016022	黄秋葵	闽秋葵2号	福建省农业科学院作物研究所、福建省农业科学院亚热带农业研究所
19	闽认菜2016002		健宝南瓜	福建省农业科学院农业生物资源研究所
20	闽认菜2016008		银砧2号	福建省农业科学院农业生物资源研究所
21	闽认菜2016021	黄秋葵	闽秋葵1号	福建省农业科学院亚热带农业研究所、福建省农业科学院作物研究所
22	闽认果2016001	莲雾	紫红	福建省农业科学院果树研究所、长泰县国美农业科技有限公司、长泰县农业局经作站
23	闽认果2016002	芒果	金煌	福建省农业科学院果树研究所、漳浦县蜜原生态农场、云霄县热带作物技术推广站
24	闽认果2016003	葡萄	巨玫瑰	福建省农业科学院农业工程技术研究所、福安市农业局

(续表)

序号	审（认、鉴）定编号	作物种类	品种名称	选育单位单位
25	闽认果2016004	毛叶枣	脆蜜	福建省农业科学院果树研究所、长泰县经济作物技术推广站、长泰县明昊农业开发有限公司
26	闽认菌2016004	双孢蘑菇	福蘑38	福建省农业科学院食用菌研究所
27	闽认杂2016001	大麦	福米麦1号	福建省农业科学院作物研究所
28	闽认杂2016002	大麦	福米麦2号	福建省农业科学院作物研究所
29	闽认杂2016003	大麦	福大麦2号	福建省农业科学院作物研究所
30	闽认草2016001	饲用苎麻	闽饲苎1号	福建省农业科学院亚热带农业研究所
31	国R-SP-FH-006-2015	福建柏	福建柏湖南道县种源	福建省林业科学院
32	国R-SP-FH-007-2015	福建柏	福建柏福建龙岩种源	福建省林业科学院

5.4 科技论文与科技著作

2016年，省属公益类科研院所共发表科技论文1 275篇，发表外文期刊总数为139篇，出版科技著作21部（表5-3）。

表5-3 2016年福建省属公益类科研院所发表科技论文与科技著作情况 （篇、部）

公益类科研院所	论文数		外文期刊		科技著作	
	数量	排名	数量	排名	数量	排名
福建师范大学地理研究所	98	1	29	1		
福建省农业科学院农业生物资源研究所	68	6	18	2	2	3
福建省农业科学院植物保护研究所	85	2	18	3	5	1
福建省农业科学院食用菌研究所	35	15	3	13		
福建省农业科学院作物研究所	68	5	4	10	1	7
福建省农业科学院亚热带农业研究所	47	10	1	19		
福建省农业科学院农业工程技术研究所	60	7	3	14		

（续表）

公益类科研院所	论文数		外文期刊		科技著作	
	数量	排名	数量	排名	数量	排名
福建省农业科学院果树研究所	77	4	7	6	2	4
福建省农业科学院土壤肥料研究所	38	14	3	15		
福建省农业科学院畜牧兽医研究所	79	3	6	7	3	2
福建省农业科学院农业生态研究所	34	16			2	5
福建省标准化研究院	25	21				
福建省农业科学院农业经济与科技信息研究所	30	19			1	9
福建省农业科学院茶叶研究所	40	13	3	16	1	8
福建省农业科学院质量标准与检测技术研究所	25	22	1	20		
福建省体育科学研究所	15	29				
福建省中医药研究院	32	18	4	11		
福建省水产研究所	59	8	4	12		
福建省农业科学院生物技术研究所	32	17	10	4		
福建省热带作物科学研究所	21	23				
福建省农业科学院水稻研究所	43	12	6	8		
福建省林业科学研究院	44	11			2	6
福建省安全生产科学研究院	20	25				
厦门大学抗癌研究中心	9	32	8	5		
福建省医学科学研究院	14	31	5	9		
福建省农业机械化研究所	27	20				
福建省淡水水产研究所	20	24			1	10
福建海洋研究所	15	30	3	17		
福建省环境科学研究院	15	28				
福建省武夷山生物研究所	1	36				
福建省计量科学研究院	51	9	1	21		
福建省微生物研究所	17	26	2	18		
福建省科学技术信息研究所	17	27			1	11
福建省测试技术研究所	6	34				
福建省农业工作研究中心	2	35				

(续表)

公益类科研院所	论文数		外文期刊		科技著作	
	数量	排名	数量	排名	数量	排名
福建省水利水电科学研究院	6	33				
福建省计划生育科学技术研究所	0	37				
福建省闽东水产研究所	0	38				

5.5 申请与授权的专利

2016年，省属公益类科研院所专利申请受理数312项；专利获得授权有243项，其中发明专利124项。获得专利授权数排名前四的分别为福建省农业科学院畜牧兽医研究所（63项）、福建省农业科学院农业工程技术研究所（18项）、福建省农业科学院农业工程技术研究所（16项）、福建省农业科学院植物保护研究所（16项）。省属公益类科研院所拥有有效发明专利总数排名前三的分别是福建省农业科学院植物保护研究所（151项）、福建省农业科学院农业工程技术研究所（76项）、福建省计量科学研究院（67项）（表5-4）。

表5-4　2016年福建省属公益类科研院所申请与授权的专利情况　　（项）

公益类科研院所	专利申请受理数		专利授权数		其中：国外授权	有效发明专利总数
	总数	其中：发明专利	总数	其中：发明专利		
福建省农业科学院农业工程技术研究所	28	23	16	13	0	76
福建省热带作物科学研究所	5	0	2	0	0	3
福建省计量科学研究院	16	7	10	4	0	67
福建省林业科学研究院	9	8	13	8	0	18
福建省农业机械化研究所	1	1	1	1	0	7
福建省微生物研究所	14	14	8	8	0	26
福建省标准化研究院	0	0	0	0	0	0
福建省农业科学院水稻研究所	5	1	7	2	0	3
福建省农业区划研究所	0	0	0	0	0	0

(续表)

公益类科研院所	专利申请受理数		专利授权数		其中：国外授权	有效发明专利总数
	总数	其中：发明专利	总数	其中：发明专利		
福建省水利水电科学研究院	4	2	0	0	0	0
福建省计划生育科学技术研究所	0	0	0	0	0	0
福建省农业科学院畜牧兽医研究所	40	0	63	10	0	47
福建省农业科学院果树研究所	25	22	18	8	0	33
福建省农业科学院茶叶研究所	5	4	3	3	0	10
福建省农业科学院作物研究所	13	13	6	6	0	14
福建省农业科学院植物保护研究所	22	20	16	10	0	151
福建省农业科学院农业经济与科技信息研究所	0	0	0	0	0	0
福建省农业科学院农业生态研究所	23	22	10	10	0	34
福建省农业科学院生物技术研究所	2	2	7	4	0	37
福建省环境科学研究院	2	1	3	2	0	2
福建省农业科学院土壤肥料研究所	20	19	11	9	0	55
福建省淡水水产研究所	9	5	7	5	0	20
福建省安全生产科学研究院	0	0	0	0	0	0
福建省农业科学院质量标准与检测技术研究所	2	1	3	1	0	6
福建省中医药研究院	8	0	3	1	0	7
福建省体育科学研究所	0	0	0	0	0	0
福建省医学科学研究院	2	2	1	1	0	9
福建省科学技术信息研究所	0	0	0	0	0	0
福建师范大学地理研究所	4	2	4	3	0	7
福建省农业科学院亚热带农业研究所	15	13	8	4	0	4
福建省武夷山生物研究所	0	0	0	0	0	0
福建省闽东水产研究所	4	4	0	0	0	1
福建省水产研究所	8	6	5	3	0	16
福建海洋研究所	0	0	0	0	0	0
厦门大学抗癌研究中心	5	1	5	1	0	5
福建省农业科学院食用菌研究所	7	7	1	1	0	13

(续表)

公益类科研院所	专利申请受理数		专利授权数		其中：国外授权	有效发明专利总数
	总数	其中：发明专利	总数	其中：发明专利		
福建省测试技术研究所	0	0	0	0	0	0
福建省农业科学院农业生物资源研究所	14	8	12	6	0	23
合计	312	208	243	124	0	694

5.6 制定的国家或行业技术标准

2016年，省属公益类院所制定的国家或行业技术标准15项（表5-5）。

表5-5 2016年福建省属公益类科研院所技术标准制定情况

序号	标准编号	地方标准名称	批准日期	归口部门	牵头单位
1	DB35/T1562-2016	电子商务交易产品信息描述规范运动鞋	2016.04.06	福建省电子商务标准化专业委员会	福建省标准化研究院
2	DB35/T1564-2016	便携式拉曼光谱快速检测仪技术要求	2016.04.06	福建省质量技术监督局	福建省计量科学研究院
3	DB35/T1571-2016	李树整形修剪技术规范	2016.04.06	福建省农业厅	福建省农业科学研究院果树研究所
4	DB35/T1572-2016	红肉蜜柚栽培技术规范	2016.04.06	福建省农业厅	福建省农业科学研究院果树研究所
5	DB35/T1574-2016	大豆抗炭疽病鉴定技术规范	2016.04.06	福建省农业厅	福建省农业科学研究院植物保护研究所
6	DB35/T1575-2016	水稻稻曲病菌分离鉴定技术规范	2016.04.06	福建省农业厅	福建省农业科学研究院植物保护研究所
7	DB35/T1576-2016	甘薯抗蔓割病鉴定技术规范	2016.04.06	福建省农业厅	福建省农业科学研究院植物保护研究所
8	DB35/T1577-2016	花鳗鲡精养池塘养殖技术规范	2016.04.06	福建省海洋与渔业厅	福建省淡水水产研究所
9	DB35/T1593-2016	禽坦布苏病毒病诊断技术	2016.08.22	福建省农业厅	福建省农业科学院畜牧兽医研究所
10	DB35/T1595-2016	松蔸栽培茯苓技术规范	2016.08.22	福建省农业厅	福建省农业科学院食用菌研究所
11	DB35/T1615-2016	金镶玉错金银首饰	2016.11.11	福建省经济和信息化委员会	福建省测试技术研究所

(续表)

序号	标准编号	地方标准名称	批准日期	归口部门	牵头单位
12	MTHR 006-2016	珠宝玉石名称及特征	2016.10.21	福建省科技厅	福建省测试技术研究所
13	DB35/T1621-2016	水禽1型甲肝病毒亚型感染诊断技术	2016.12.30	福建省农业厅	福建省农业科学院畜牧兽医研究所
14	DB35/T1622-2016	冬种马铃薯地膜覆盖栽培技术规范	2016.12.30	福建省农业厅	福建省农业科学院作物研究所
15	DB35/T1630-2016	政府工作部门行政许可规范	2016.12.30	福建省行政审批制度改革工作小组办公室	福建省标准化研究院

6 科技创新与条件支撑平台建设

6.1 科研平台建设

截至 2016 年年底,省属科研院所共拥有的科研平台有国家重点(工程)实验室 37 个(部级 12 个,省部共建 2 个,升级 23 个),工程(技术)研究中心 31 个(国家级 4 个,省级 27 个),种质资源圃 9 个,原(原)种扩繁基地(改良中心)(部级 7 个),野外观测站 15 个(部级 14 个,省级 1 个),技术研发平台 16 个(部级 5 个,省级 11 个)。

6.1.1 重点实验室

重点实验室是国家组织高水平基础研究和应用基础研究、聚集和培养优秀科研人才、开展国内外学术交流的重要基地,是依托大学、科研院所和其他具有原始性创新能力的机构建设的科研实体。

截至 2016 年年底,有 21 家省属公益列科研院所承担建设了重点实验室 36 个,其中部级重点实验室 12 个、省部级共建国家重点实验室 2 个、省级重点实验室 22 个。2016 年,新增 1 个省级重点实验室(表 6-1)。

表 6-1 2016 年年底福建省属公益类科研院所拥有的省部级重点实验室

类别	名称	依托单位	审批部门	审批年份
部级重点实验室(12 个)	南方山地用材林培育重点实验室	福建省林业科学院	国家林业局	1995
	国家新药(微生物)筛选实验室(福建)	福建省微生物研究所	国家科技部	1998
	农业部闽台农作物种质资源利用重点开发实验室	福建省农业科学院水稻研究所	国家农业部	2008
	经络感传重点实验室	福建省中医药研究院	国家中医药管理局	2009

（续表）

类别	名称	依托单位	审批部门	审批年份
部级重点实验室（12个）	针灸生理实验室（三级）	福建省中医院研究所	国家中医药管理局	2009
	湿润亚热带生态—地理过程教育部重点实验室	福建省师范大学地理研究所	国家教育部	2010
	水稻国家工程实验室（南昌）	福建省农业科学院水稻研究院（共建单位）	国家发改委	2011
	华南杂交水稻种质创新与分子育种重点实验室	福建省农业科学院水稻研究所	国家农业部	2011
	农产品质量安全风险评估实验室（福州）	福建省农业科学院农业质量标准与检测技术研究所	国家农业部	2011
	高致病性动物病原微生物实验室	福建省农业科学院畜牧兽医研究所	国家农业部	2013
	运动机能评定重点实验室	福建省体育科学研究院	国家体育总局	2014
	高级别生物安全实验室	福建省农业科学院畜牧兽医研究所	国家发改委	2015
省部级共建国家重点实验室培育基地（2个）	福建省作物种质创新与分子育种重点实验室	建省农业科学院（水稻所、生物技术所、农业质量标准与检测技术研究所共同承担）	国家科技部	2010
	福建省湿润亚热带山地生态重点实验室	福建省师范大学地理研究所	国家科技部	2010
省级重点实验室（22个）	福建省精密仪器农业测试重点实验室	福建省农业科学院农业质量标准与检测技术研究所	福建省科技厅	1989
	福建省医学测试重点实验室	福建省医学科学研究院	福建省科技厅	1992
	福建省森林培育与林产品加工利用重点实验室	福建省林业科学研究院	福建省科技厅	1996
	福建省信息网络重点实验室	福建省科学技术信息研究院	福建省科技厅	1999
	福建省环境工程重点实验室	福建省环境科学研究院	福建省科技厅	2000
	福建省国家新药（微生物）筛选重点实验室	福建省微生物研究所	福建省科技厅	2001

(续表)

类别	名称	依托单位	审批部门	审批年份
省级重点实验室（22个）	福建省亚热带资源与环境重点实验室	福建省师范大学地理研究所	福建省科技厅	2003
	福建省农业遗传工程重点实验室	福建省农业科学院生物技术研究所	福建省科技厅	2004
	福建省水稻材料分子育种重点实验室	福建省农业科学院水稻研究所	福建省科技厅	2005
	福建省作物分子育种工程实验室	福建省农业科学院	福建省发改委	2008
	福建省水稻分子育种重点实验室	福建省农业科学院水稻研究所	福建省科技厅	2008
	福建省能源计量重点实验室	福建省计量科学研究院	福建省科技厅	2010
	福建省海洋生物增养殖与高值化利用重点实验室	福建省水产研究所	福建省科技厅	2013
	福建省海岛鱼海岸带管理技术研究重点实验室	福建海洋研究院	福建省科技厅	2013
	福建省农产品（食品）加工重点实验室	福建省农业科学院工程技术研究所	福建省科技厅	2013
	福建省红壤山地农业生态过程重点实验室	福建省农业科学院生态研究所	福建省科技厅	2013
	福建省红壤山地农业生态过程重点实验室	福建省农业科学院茶叶研究所	福建省科技厅	2015
	福建省禽病防治重点实验室	福建省农业科学院畜牧兽医研究所	福建省科技厅	2015
	福建省作物有害生物检测与治理重点实验室	福建省农业科学院植物保护研究所	福建省科技厅	2015
	福建省经络感传重点实验室	福建省中医药研究院	福建省科技厅	2015
	福建省中医睡眠医学重点实验室	福建省中医药研究院	福建省科技厅	2015
	福建省海岛与海岸带管理技术研究重点实验室	福建海洋研究所	福建省科技厅	2016

6.1.2 工程技术研究中心

截至2016年年底，有15家省属公益列科研院所承担建设了工程技术研究中心31个，其中部级工程技术研究中心4个、省级工程技术研究中心27个。2016年，新增4个省级工程技术研究中心（表6-2）。

表6-2 2016年年底福建省属公益类科研院所拥有的省部级工程技术研究中心

类别	名称	依托单位	审批部门	审批年份
部级工程技术研究中心（4个）	国家食用菌工程技术研究中心福建分中心	福建省农业科学院食用菌研究所	国家科技部	2010
	特色食用菌繁育与栽培国家地方联合工程研究中心（福建）	福建省农业科学院食用菌研究所	国家发改委	2013
	杉木工程技术研究中心	福建省林业科学研究院	国家林业局	2013
	农业部植物新品种测试福州分中心	福建省农业科学院作物研究所	国家农业部	2016
省级工程技术研究中心（27个）	福建省微生物药物工程研究中心	福建省微生物研究所	福建省发改委	2002
	福建省水稻转基因育种工程技术研究中心	福建省农业科学院生物所	福建省科技厅	2002
	福建省双孢蘑菇技术工程研究中心	福建省农业科学院食用菌所	福建省发改委	2003
	福建省畜禽疫病防治工程技术研究中心	福建省农业科学院畜牧兽医研究所	福建省科技厅	2004
	福建省果树（枇杷/龙眼）育种工程技术研究中心	福建省农业科学院果树研究所	福建省科技厅	2004
	福建省杂交水稻育种工程技术研究中心	福建省农业科学研究院水稻研究所	福建省科技厅	2004
	福建省生物农药工程研究中心	福建省农业科学院资源所	福建省发改委	2004
	福建省山地草叶工程技术研究中心	福建省农业科学研究院生态研究所	福建省科技厅	2005
	福建省杂交水稻育种工程技术研究中心	福建省农业科学院水稻所	福建省科技厅	2005
	福建省农作物品种抗性工程技术研究中心	福建省农业科学院植保所	福建省科技厅	2005
	福建省农作物害虫天敌资源工程技术研究中心	福建省农业科学院植物保护研究所	福建省科技厅	2008
	福建省特色花卉工程技术研究中心	福建省农业科学院作物研究所	福建省科技厅	2008
	福建省食用菌工程技术研究中心	福建省农业科学院食用菌研究所	福建省科技厅	2009
	福建省陆地灾害监测评估工程技术研究中心	福建省师范大学地理研究所	福建省科技厅	2009
	福建省双孢蘑菇技术工程研究中心	福建省农业科学院食用菌研究所	福建省发改委	2009

(续表)

类别	名称	依托单位	审批部门	审批年份
省级工程技术研究中心（27个）	福建省水产病害防治技术工程研究中心	福建省农业科学院生物所	福建省科技厅	2009
	福建省丘陵地区循环农业工程技术研究中心	福建省农业科学院生态所	福建省科技厅	2010
	福建省农业生物药物工程技术研究中心	福建省农业科学院资源所	福建省科技厅	2010
	福建省蔬菜工程技术研究中心	福建省农业科学院作物所	福建省科技厅	2010
	福建省水产病害防治工程技术研究中心	福建省农业科学院生物技术研究所	福建省科技厅	2013
	福建省海洋渔业种业工程研究中心	福建省水产研究所	福建省发改委	2015
	福建省茶树育种工程技术研究中心	福建省农业科学院茶树研究所	福建省科技厅	2015
	福建省地力培育工程技术研究中心	福建省农业科学院土壤肥料研究所	福建省科技厅	2015
	福建省木麻黄工程技术研究中心	福建省林业科学研究院	福建省科技厅	2016
	福建省水动力工程技术研究中心	福建省水利水电勘测设计研究院	福建省科技厅	2016
	福建省农产品发酵加工工程技术研究中心	福建省农业科学院农业工程技术研究所	福建省科技厅	2016
	福建省特色旱作物品种选育工程技术研究中心	福建省农业科学院作物研究所	福建省科技厅	2016

6.1.3 种质资源圃（库）

截至2016年年底，有5家省属公益列科研院所承担建设了种质资源圃（库）9个，其中部级种质资源圃（库）6个、省级种质资源圃（库）3个（表6-3）。

表6-3 2016年年底福建省属公益类科研院所拥有的省部级种质资源圃（库）

类别	名称	依托单位	审批部门	审批年份
部级种质资源圃（库）（6个）	国家农作物种植资源平台龙岩枇杷种质资源平台	福建省农业科学院果树研究所	国家科技部	2006
	农业部福州龙眼种质资源圃	福建省农业科学院果树研究所	国家农业部	2009

(续表)

类别	名称	依托单位	审批部门	审批年份
部级种质资源圃（库）（6个）	农业部福州橄榄种质资源圃	福建省农业科学院果树研究所	国家农业部	2010
	福建省黑脊倒刺鲃良种场	福建省淡水水产研究所	国家农业部	2012
	农业部福州枇杷种质资源圃	福建省农业科学院果树研究所	国家农业部	2012
	南方李榛种质资源圃	福建省农业科学院果树研究所	国家农业部	2013
省级种质资源圃（库）（3个）	福建省乌龙茶种质资源圃	福建省农业科学院茶叶研究所	福建省科技厅	2004
	福建省香蕉种质资源圃	福建省热爱作物科学研究所	福建省科技厅	2004
	福建省水稻育种材料种质资源圃	福建省农业科学院水稻研究所	福建省科技厅	2005

6.1.4 科学（野外）观测站

截至2016年年底，有8家省属公益列科研院所承担建设了农业科学（野外）观测站15个，其中，部级农业科学观测站14个，省级观测站1个（表6-4）。

表6-4 2016年年底福建省公益类科研院所拥有的省部级农业科学（野外）观测站

序号	名称	依托单位	审批部门	审批年份
部级农业科学（野外）观测站（14个）	森林生态效益定位监测站	福建省林业科学研究院	国家林业局	1998
	武夷山中亚热带常绿阔叶林生态定位站	福建省林业科学研究院	国家林业局	2000
	农业部福安茶树资源重点野外科学观测站	福建省农业科学院茶叶研究所	国家农业部	2005
	福建省福清市国家级农作物品种区域试验站	福建省农业科学院作物研究所	国家农业部	2011
	农业部风景茶树及乌龙茶加工科学观测试验站	福建省农业科学院茶叶研究所	国家农业部	2011
	农业部福州农业环境科学观测实验站	福建省农业科学院	国家农业部	2011
	农业部福州热带作物科学观测实验站	福建省农业科学院农业生物资源研究所	国家农业部	2011

（续表）

序号	名称	依托单位	审批部门	审批年份
部级农业科学（野外）观测站（14个）	农业部东南区域农业微生物资源利用科学观测实验站	福建省农业科学院生物资源研究所	国家农业部	2011
	农业部福建耕地保育科学观测实验站	福建省农业科学院土壤肥料研究所	国家农业部	2011
	农业部福州作物有害生物科学观测实验站	福建省农业科学院植物保护研究所	国家农业部	2011
	农业部南方薯类科学观测实验站	福建省农业科学院作物研究所	国家农业部	2011
	农业部作物基因资源与种质创制福建科学观测实验站	福建省农业科学院作物研究所	国家农业部	2013
	福建泉州湾红树林湿地生态系统地位研究所	福建省林业科学研究院	国家林业局	2014
	闽江口河口湿地野外定位站	福建省师范大学地理研究所	国家林业局	2014
省级科学观测站（1个）	福建省农业科学研究野外观测站	福建省农业科学院	福建省科技厅	2009

6.1.5 农作物原种扩繁及改良中心

截至2016年年底，有4家省属公益列科研院所承担建设了原（原）种扩繁基地4个、农作物品种改良中心3个（表6-5）。

表6-5 2016年年底福建省属公益类科研院所拥有的农作物原种扩繁及改良中心

序号	名称	依托单位	审批部门	审批年份
原原种扩繁基地（4个）	福建超级稻原原种扩繁基地	福建省农业科学院水稻研究所	国家农业部	2005
	福建省鲜食专用型玉米原原种扩繁基地	福建省农业科学院作物研究所	国家农业部	2006
	福建省叶菜专用型甘薯原原种扩繁基地	福建省农业科学院作物研究所	国家农业部	2007
	福建省优质抗稻瘟病不育系谷丰A、全丰A原原种扩繁基地	福建省农业科学院水稻研究所	国家农业部	2012

（续表）

序号	名称	依托单位	审批部门	审批年份
农作物品种改良中心（3个）	国家水稻改良中心福州分中心	福建省农业科学院水稻研究所	国家农业部	2000
	国家果树改良中心福建分中心	福建省农业科学院茶叶研究所	国家农业部	2014
	国家热带水果改良中心福州龙眼分中心	福建省农业科学院果树研究所	国家农业部	2015

6.1.6 技术研发平台

截至2016年年底，有9家省属公益列科研院所承担建设了技术研发平台16个，其中部级技术研发平台5个，省级技术研发平台11个（表6-6）。

表6-6 2016年年底福建省属公益类科研院所拥有的技术研发平台

类别	名称	依托单位	审批部门	审批年份
部级技术研发平台（5个）	南亚热带作物良种苗木繁育基地（南亚热带名优水果苗木）	福建省热带作物科学研究所	国家农业部	2002
	国家食用菌加工技术研发分中心	福建省农业科学院工程技术研究所	国家农业部	2008
	国家海水鱼类加工技术研发分中心（厦门）	福建省水产研究所	国家农业部	2010
	福建省福清市国家级农作物品种区域试验站	福建省农业科学院作物研究所	国家农业部	2011
	国家水稻育种栽培技术创新基地	福建省农业科学院水稻研究所	国家发改委 国家农业部	2013
省级技术研发平台（11个）	福建省热带亚热带果树良种脱毒苗木基地	福建省热带作物科学研究所	福建省科技厅	1992
	微生物新药中试基地	福建省微生物研究所	福建省科技厅	2002
	福建省微生物新药自动发酵中心	福建省微生物研究所	福建省科技厅	2006
	台湾海峡海洋调查与环境检测开放实验平台	福建海洋研究所	福建省科技厅	2007
	福建省畜禽疫病防治动物实验平台	福建省农业科学院畜牧兽医研究所	福建省科技厅	2009
	福建省计量科学研究院科研基地	福建省计量科学研究院	福建省发改委	2012

(续表)

类别	名称	依托单位	审批部门	审批年份
省级技术研发平台（11个）	福建港湾海洋环境检测技术研究平台	福建海洋研究所	福建省科技厅	2013
	福建省药物制剂技术研发平台	福建省微生物研究所	福建省科技厅	2013
	福建省华药技术重大研发平台	福建省微生物研究所	福建省科技厅	2014
	福建省畜禽疫病防控技术重大研发平台	福建省农业科学院畜牧兽医研究所	福建省科技厅	2014
	福建省台湾海峡资源调查重大研发平台	福建省海洋研究所	福建省科技厅	2014

6.2 科研条件支撑平台建设

截至2016年年底，省属公益类科研院所共拥有的科研条件支撑平台有文献中心6个，生产力促进中心2个，科技服务平台55个。

6.2.1 文献信息中心

文献信息中心是一个集中外文图书、期刊、声像资料于一体的文献中心，以及能满足网络需要的信息资源中心，为社会的信息需求提供文献信息保障。

截至2016年年底，有4家省属公益列科研院所承担建设了文献中心6个（表6-7）。

表6-7 2016年年底福建省属公益类科研院所拥有文献中心

序号	文献中心	依托单位
1	福建省台湾文献信息中心（工业库）	福建省农业机械化研究所
2	福建省台湾农业文献中心	福建省农业科学院农业经济与科技信息研究所
3	福建省科技图书文献中心福州站	福建省科学技术信息研究所
4	福建省台湾文献信息中心科技馆	福建省科学技术信息研究所
5	福建省标准信息库	福建省标准化研究院
6	国家标准馆福建分馆	福建省标准化研究院

6.2.2 生产力促进中心

生产力促进中心是以中小企业和乡镇企业为主要服务对象，组织科技力量（技术、成果、人才、信息）进入中小企业和乡镇企业，以各种方式为企业提供服务，促进企业的技术进步，提高企业的市场竞争能力。生产力促进中心是国家创新体系的重要组成部分，是社会主义市场经济条件下，深化科技体制改革，推动企业尤其是中小企业技术创新的科技中介服务机构。

截至2016年年底，有2家省属公益列科研院所承担建设了生产力促进中心2个（表6-8）。

表6-8 2016年年底福建省属公益类科研院所拥有生产力促进中心

生产力促进中心	依托单位
福建省生产力促进中心	福建省科学技术信息研究所
福建省林业生产力促进中心	福建省林业科学研究院

6.2.3 科技服务平台

截至2016年年底，有29家省属公益列科研院所承担建设了科技服务平台55个，其中科技服务平台19个、资源共享平台6个、检验检测平台15个、查新咨询平台3个、资格认定平台3个、科技合作基地6个、文献信息平台3个。其中，2016年新增3个科技合作基地（表6-9）。

表6-9 2016年年底福建省属公益类科研院所拥有的科技服务平台

类别	名称	依托单位	审批部门	审批年份
技术服务平台（19个）	福建省海上环境调查监测技术公共服务平台	福建海洋研究所	福建省科技厅	2009
	福建泵产业技术提升公共服务平台	福建省农业机械化研究所	福建省经贸局 福建省财政厅	2010
	福建省工业项目成果及技术需求对接中心	福建省农业机械化研究所	福建省经贸局 福建省财政厅	2010
	工业泵产品技术创新公共服务平台	福建省农业机械化研究所	福建省经贸局 福建省财政厅	2011
	双孢蘑菇周年高产栽培	福建省农业科学院食用菌研究所	国家外专局	2011

6 科技创新与条件支撑平台建设

(续表)

类别	名称	依托单位	审批部门	审批年份
技术服务平台 (19个)	福建省有机肥及有机无机复混肥技术服务平台	福建省农业科学院土壤肥料研究所	国家科技部 国家财政部	2012
	福建省农业机械化技术创新服务平台	福建省农业机械化研究所	国家科技部 国家财政部	2013
	茶树栽培与茶加工技术服务平台	福建省农业科学院茶叶研究所	国家科技部 国家财政部	2013
	福建省设施蔬菜生产新品种新技术服务平台	福建省农业科学院作物研究所	国家科技部 国家财政部	2013
	福建省微生物发酵技术服务平台	福建省农业科学院农业工程技术研究所	国家科技部 国家财政部	2013
	福建省微生物及化学制药行业技术开发基地	福建省微生物研究所	福建省经贸局 福建省科技厅 福建省教育厅 福建省财政厅	2013
	福建省微生物分析检测技术公共服务平台	福建省微生物研究所	福建省科技厅	2013
	福建省计量器具型式评价技术公共服务平台	福建省计量科学研究院	福建省科技厅	2013
	特色果树新品种新技术服务平台	福建省农业科学院果树研究所	国家科技部 国家财政部	2014
	中药及健康产品研究开发专业技术服务平台	福建省中医药研究院	国家科技部 国家财政部	2014
	福建省原生蔬菜产业技术公共服务平台	福建省农业科学院亚热带农业研究所	福建省科技厅	2014
	福建省农作物育种产业技术公共服务平台	福建省农业科学院作物研究所	福建省科技厅	2014
	红曲菌种资源及其产业化技术服务平台	福建省微生物研究所	福建省财政厅	2015
	福建省珠宝首饰技术公共服务平台	福建省测试技术研究所	福建省科技厅	2015
资源共享平台 (6个)	福建省大型科学仪器设备协作共用平台	福建省测试技术研究所	福建省科技厅	2012
	福建省农村科技信息资源共享与服务平台	福建省农业科学院	福建省科技厅	2013
	福建省茶树种质资源共享平台	福建省农业科学院茶叶研究所	福建省科技厅	2013
	福建省中药种质资源保护利用与共享平台	福建省农业科学院农业生物资源研究所	福建省科技厅	2013
	福建省武夷山生物多样性研究信息资源共享平台	福建省武夷山生物研究所	福建省科技厅	2013

(续表)

类别	名称	依托单位	审批部门	审批年份
资源共享平台（6个）	福建省科技文献资源共享服务平台	福建省科学技术信息研究所	福建省科技厅	2014
检验检测平台	国家认可实验室	福建省农业科学院农业质量标准与检测技术研究所	中国合格评定国家认可委员会	2007
	国家城市能源计量中心（福建）	福建省计量科学研究院	国家质量监督检验检疫总局	2008
	机械工业农机及泵类产品质量检测中心（福州）	福建省农业机械化研究所	中国实验室国家认可委员会	2009
	国家蒸汽流量计产品质量监督检验中心	福建省计量科学研究院	国家质量监督检验检疫总局	2010
	福建省农业科学院畜牧兽医研究所（ABSL-3）实验室	福建省农业科学院畜牧兽医研究所	中国合格评定国家认可委员会	2011
	福建省装备制造业计量校准检测服务平台	福建省农业机械化研究所	福建省经贸委 福建省财政厅	2012
	农业部产品质量监督检验测试中心	福建省水产研究所	国家农业部	2012
	农业部渔业产品质量监督检验测试中心（厦门）	福建省水产研究所	国家农业部	2012
	福建省职业危害检测与鉴定实验室	福建省安全生产科学研究院	国家安全生产监督管理总局	2012
	林产品质量检验检测中心（福州）	福建林业科学研究院	国家林业局	2013
	福建省渔业环境监测站	福建省水产研究所	国家渔政局	2013
	国家光伏产业交流测试中心	福建省计量科学研究院	国家质量监督检验检疫总局	2013
	农业部农产品质量安全风险评估实验站	福建省水产研究所	国家农业部	2014
	省级中药原料质量检测技术服务中心	福建省中医药研究院	国家中医药总局	2014
	有害物质先进检测科研平台建设	福建省测试技术研究院	福建省科技厅	2014
查新咨询平台	福建省科技查新中心	福建省科学技术信息研究所	福建省科技厅	1995
	查新检索中心	福建省农业科学院农业经济与科技信息研究所	福建省科技厅	1998
	卫生部医药卫生科技项目查新咨询单位	福建省医学科学研究院	国家卫生部	2002

(续表)

类别	名称	依托单位	审批部门	审批年份
资格认定平台	药物临床试验机构	福建省中医药研究院	国家食品药品监督管理总局	2013
	农药登记实验单位	福建省农业科学院果树研究所	国家农业部	2014
	农药环境安全评价中心	福建省农业科学院植物保护研究所	国家农业部	2015
科技合作基地	海西农业微生物菌剂国际科技合作基地	福建省农业科学院农业生物资源研究所	国家科技部	2015
	福建省闽台科技合作基地	福建省水产研究所	福建省科技厅	2015
	福建省闽台科技合作基地	福建省中医药研究院	福建省科技厅	2015
	福建省科研单位水稻品种区域试验联合体	福建省农业科学院水稻研究所	福建省农业科学院	2016
	长江中下游科研单位水稻试验联合体	福建省农业科学院水稻研究所	中国农业科学院	2016
	华南稻区科研单位水稻试验联合体	福建省农业科学院水稻研究所	中国农业科学院	2016
文献信息平台	福建省台湾文献信息中心（科技馆）	福建省科学信息研究所	福建省人民政府	2009
	福建省台湾文献信息中心（工业库）	福建省农业机械化研究所	福建省人民政府	2009
	福建省台湾文献信息中心（农业库）	福建省农业科学院农业经济与科技信息研究所	福建省人民政府	2009

6.3 固定资产投入

截至 2016 年年底，省属公益类科研院所年末固定资产原价为 114 179.3 万元、科学仪器设备 59 121.7 万元，科学仪器设备数量 28 185 台（套），人均科研仪器设备 25.25 万元/人。

6.3.1 固定资产情况

截至 2016 年年底，省属公益类科研院所年末固定资产原价为 114 179.3 万元，同比上年增长 7.21%；其中科研房屋建筑物 37 987.9 万元，占比 33.27%，同比上年减少 0.18%；

科学仪器设备59 121.7万元，占比51.78%，同比上年14.47%；人均科研仪器设备25.25万元/人，同比上年增长17.57%（表6-10）。

表6-10 2016年年底福建省属公益类科研院所固定资产情况

项目	2015年	2016年	增长率（%）
年末固定资产原价（万元）	106 497.3	114 179.3	7.21
其中：科研房屋建筑物（万元）	38 057.1	37 987.9	-0.18
科学仪器设备（万元）	51 649.30	59 121.7	14.47
其中：进口（万元）	19 855.10	20 062.8	1.05
人均科研仪器设备（万元/人）	21.48	25.25	17.57

截至2016年年底，省属公益类科研院所购置的科学仪器设备中，科学仪器设备数量达到28 185台（套），其中单台原值大于等于100万元的有46台（套），占比0.16%；科学仪器设备原值为59 121.7万元，其中单台原值大于等于100万元的科学仪器设备共有11 669.9万元，占比19.74%（表6-11）。

表6-11 2016年年底福建省公益类科研院所科研仪器设备情况

项目（台/套）	科学仪器设备数量	单台原值≥100万元
2016年	28 185	46
项目（万元）	科学仪器设备原值	单台原值≥100万元
2016年	59 121.7	11 669.9

6.3.2 院所科学仪器设备比较分析

截至2016年年底，省属公益类科研院所平均科学仪器设备经费为1 555.83万元/家，高于平均水平的有13家科研院所；其中科学仪器设备经费排名前三的分别为福建省计量科学研究院（14 209.3万元）、福建省水产研究所（5 362.3万元）、福建省微生物研究所（4 095.7万元）。人均科学仪器设备经费为25.25万元/人，高于人均水平的有14家科研院所；人均科学仪器设备经费排名前三的分别为福建省计量科学研究院（51.30万元/人）、福建省水产研究所（46.63万元/人）、福建省微生物研究所（43.57万元/人）（表6-12）。

表 6-12 2016年年底福建省属公益类院所间科学仪器设备情况

(万元，万元/人)

院所名称	科学仪器设备		人均科学仪器设备	
	数量	排名	数量	排名
福建省计量科学研究院	14 209.3	1	51.30	1
福建省水产研究所	5 362.3	2	46.63	2
福建省微生物研究所	4 095.7	3	43.57	3
福建省科学技术信息研究所	2 579.8	4	21.86	19
福建省中医药研究院	2 551.3	5	41.82	4
福建省林业科学研究院	1 973.4	6	19.54	24
福建省农业科学院生物技术研究所	1 948.1	7	29.97	11
福建省农业科学院水稻研究所	1 935.8	8	19.75	23
福建海洋研究所	1 922.4	9	34.95	8
福建省淡水水产研究所	1 880.4	10	26.12	14
福建省测试技术研究所	1 831.8	11	32.71	9
福建省农业科学院畜牧兽医研究所	1 830.5	12	20.80	22
福建省农业科学院农业生物资源研究所	1 649.6	13	32.35	10
福建省农业机械化研究所	1 303.7	14	14.81	27
福建省医学科学研究院	1 274.1	15	29.63	12
福建省安全生产科学研究院	1 130.2	16	21.32	21
福建省标准化研究院	1 121.2	17	28.75	13
福建省体育科学研究所	1 046.4	18	38.76	7
厦门大学抗癌研究中心	1 038.9	19	41.56	5
福建省农业科学院土壤肥料研究所	989.8	20	23.57	15
福建省农业科学院质量标准与检测技术研究所	915.6	21	21.80	20
福建省环境科学研究院	874.7	22	14.83	26
福建省水利水电科学研究院	716.9	23	11.56	29
福建师范大学地理研究所	679.6	24	22.65	17
福建省农业科学院茶叶研究所	629.9	25	9.54	30
福建省农业科学院食用菌研究所	609.4	26	22.57	18

（续表）

院所名称	科学仪器设备		人均科学仪器设备	
	数量	排名	数量	排名
福建省农业科学院农业工程技术研究所	605.2	27	11.87	28
福建省农业科学院作物研究所	496.5	28	9.03	31
福建省计划生育科学技术研究所	422.9	29	23.49	16
福建省闽东水产研究所	329.9	30	15.00	25
福建省农业科学院亚热带农业研究所	323.6	31	8.30	32
福建省农业科学院果树研究所	220.8	32	3.30	34
福建省热带作物科学研究所	181	33	3.85	33
福建省武夷山生物研究所	157.7	34	39.43	6
福建省农业科学院农业经济与科技信息研究所	145.7	35	3.04	35
福建省农业科学院植物保护研究所	112.7	36	1.73	36
福建省农业科学院农业生态研究所	24.9	37	0.48	37
福建省农业工作研究中心	0	38	0	38

7 科技成果应用与转化

7.1 科技成果转化典型案例

福建计量科学研究院以创新作为引领,以科技作为支撑,加快科技成果推广转化基地建设步伐,加强统筹谋划部署,深化体制机制创新,提升交流合作水平,凸显成果转化实效,推动科技事业实现新一轮的科学发展和跨越发展。2016年,科研成果转让、许可、作价投资项目和技术开发、咨询、服务合同总收入3 600万元,提供规程、校准等服务合同数76份。

福建海洋研究所主要从事台湾海峡区域海洋学、海洋生物、近海环境、港口工程、海水增养技术、水产养殖新品种的培育等研究。在海域功能区划、用海规划、港口工程、海洋环境监测、海洋地质、海洋生物、海洋生态、海洋化学等领域具有优势和特色,设有福建省岛与海岸带管理技术研究重点实验室、台湾海峡及毗邻海域海上调查与数据中心、国际交流培训中心三个中心;海洋化学、海洋生物两个研究科室和"延平2号"海洋科学考察船。2016年,科研成果转让、许可、作价投资项目和技术开发等56项、1 048.41万元。

福建省医学科学研究院拥有卫生部医药卫生科技项目查新点、国家中医药管理局批准的中药制剂和中药药理国家中医药科研二级实验室、福建省科技厅批准的省医学测试重点实验室、卫生部临床检验中心验收合格的PCR实验室、福建省动物实验管理中心通过的SPF级实验室、福建省新药药理研究基地、福建省明正司法鉴定所、福建省药物研究与开发中心等一批科研平台。2016年,科研成果转让、许可、作价投资项目和技术开发等12项、177.09万元。

福建师范大学地理研究所已形成1个地理学博士后科研流动站,2个一级学科博士点(地理学、生态学),7个二级学科博士点,10个硕士点的高层次人才培养体系;本所与师大地理学院共同建设4个科技支撑平台(省部共建国家重点实验室培育基地、教育部重点实验室、省重点实验室和工程研究中心)和3个野外定位站·(常绿阔叶林三明野外定位站、闽江口河口湿地野外定位站、闽西侵蚀退化地野外定位站），拥有 2 个省级重点学科（地理学、生态学），1 个福建省国家重点学科培育学科（自然地理学）和 1 个校级重点学科人文地理；有一支科研团队进入教育部科研创新团队和福建省高等学校科技创新团队。2016 年，科研成果转让、许可、作价投资项目和技术开发等 47 项、797 万元。

7.2 科技成果转化措施与典型经验

7.2.1 科技成果转化措施

2011 年 12 月，福建省人民政府印发《关于促进科技成果转化和产业化的若干意见》（闽政〔2011〕111 号），旨在引导更多国内外科技成果在福建省转移转化，更多的研发机构在福建省落地建设，加速科技成果转化为现实生产力，推动企业真正成为技术创新的主体，切实增强福建省自主创新能力，服务经济发展方式转变和福建科学发展、跨越发展。2012 年 2 月，福建省科学技术厅、教育厅、地方税务局、国家税务局等部门印发《福建省促进高校和科研院所职务成果转化实施细则（暂行）》（闽科成〔2012〕9 号），旨在激发高校和科研机构科研人员发明创造，加速科技成果的转化。2014 年 4 月，福建省人民政府办公厅转发省财政厅等部门《关于深化省级事业单位科技成果使用处置和收益管理改革的暂行规定》（闽政办〔2014〕148 号），旨在加快构建以市场为导向的创新驱动新机制，充分调动省级事业单位及其科技人员创新创业积极性，促进更多科技成果落地转化。2015 年 9 月，福建省人民政府《关于促进科技服务业发展八条措施》（闽发〔2015〕8 号），旨在贯彻落实《国务院关于加快科技服务业发展的若干意见》（国发〔2014〕49 号），加快推进我省科技服务业发展。2016 年 8 月，为了更好推动国家促进科技成果转化政策在我省贯彻实施，福建省政府制定出台《关于进一步促进科技成果转移转化的若干规定》（闽政〔2016〕33 号）（以下简称《若干规定》）。《若干规定》的研究制定坚持突出问题导向和注重政策落地原则，选择需要加强和突破的环节，综合施策，加快构建激发创新活力和创造潜能、鼓励大众创业和万众创新的制度环境和社会氛围。

7.2.2 科技成果转化典型经验

7.2.2.1 福建师范大学地理研究所经验介绍

福建师范大学地理所主管单位为福建师范大学，科技成果转化政策执行的是福建师范大学组织制订了《福建师范大学科技成果转化管理办法》（以下简称《管理办法》）。该办法经2016年第20次校长办公会议审议通过，2016年11月10日颁布实施。"办法"包括总则、组织实施、收益分配、政策措施、责任与义务和附则共六章三十一条，对科技成果转化方式、定价方式、收益方式、收益分配、融资组建公司、折算股份、合同审查签订程序、公示方式、政策措施、转化业绩认定等条款做出了明确而具体的规定，便于操作和实施。

(1) 完善激励考核分配机制

为调动和激励教师从事科技成果转化的积极性，在收益分配方面向成果完成人与转化团队倾斜，给予到校收益80%的比例；并在科研业绩、职称评聘、年度考核上予以视同认定：①科技成果转化收益汇入学校账户，当年度实际到位500万元以上的，视同国家级重大项目；实际到位200万元以上的，视同国家级重点项目；实际到位80万元以上的，视同国家级一般项目；实际到位50万元以上的，视同省级重大项目；实际到位30万元以上的，视同省级重点项目；实际到位10万元以上的，视同省级一般项目。②专利成果实施转化1项并有实际到位收益30万元以上的，视同A类论文1篇；获得各级科技奖、专利奖、新技术奖的应用性成果或政府表彰的应用推广项目，国家级奖项可视同SCI顶尖论文，省部级奖项可视同SCI 2区论文，厅级和地市级奖项可视同A类论文。同时，也制订规范措施，建立审批和公示制度。

(2) 建立成果转化工作体系，完善运行机制

第一，成立学校科技成果转化工作领导小组。根据《管理办法》第五条规定，于2016年11月成立了以分管副校长为组长，科技处、技术转移中心、社科处、人事处、财务处、资产处、校工会负责人和法律顾问等组成的科技成果转化工作领导小组。

第二，成立学校技术转移中心，健全成果转化的管理与服务体系。主要职责有：贯彻国家和省市相关科技成果转化的法规和政策，承办学校科技成果转化工作领导小组交办事项，制定校内有关科技成果转化的扶持政策、管理办法和工作计划，推介学校各类科技成果；受学校授权，负责技术合同认定、申报登记，确认成果的权属，参与各类合同的谈判并审批、签署科技成果转化各类合同；联系沟通社会各类科技成果转移转化中介机构，构建协作关系。

7.2.2.2 福建省中医药研究院经验介绍

科研单位为企业服务，不仅提升了研究部门的社会知名度和品牌效益，也使科研成果更为有效地转化为促进企业发展、推动当地经济的有生力量，反过来借助企业的支持和帮助，研究院也获得了可持续深入开展科学研究所需要的资金和相关资源，形成了以科技促生产，再以生产促科技的良性循环，在与企地区参访达20多批，人数近100人。2015年，

通过成果转化或技术服务，每年直接获得研究经费100多万元。

（1）加强政策制定与落实

2016年，整合全院技术资源成立中医药技术转移中心，成为首个专门从事中医药科技成果转化的机构，制定了中心章程、技术转移服务流程、成果转化管理办法等一系列管理制度，修订了《福建省中医药研究院成果转化实施管理办法》，大幅度提高成果转化相关人员的奖励力度，促进科技人员成果转化的积极性。2015年，中医药研究院院获得了发明专利授权2项，实用新型2项，2016年有了长足进步，获得了发明专利授权3项，实用新型授权2项，外观设计授权1项，还有5项处于实审阶段。

（2）依托平台服务与研发

中医院获得科技部"中药及健康产业研究开发专业技术服务平台"、福建省科技厅"闽台牛樟芝产业技术服务平台"、福建省教育厅"牛樟芝产业福建省高校工程技术中心"等产业服务平台；成为福建中医药大学保健食品研发中心建设单位；以太子参、栀子、牛蒡、竹叶等研究开发，已经逐渐形成优势项目，与国内外20多家企业建立多形式的合作关系。例如和福建柘荣企业开发申报太子参系列保健品；与浙江药企合作开发竹叶提取物系列产品：竹叶咖啡、竹叶奶茶及消毒剂等；与福建企业合作开发牛蒡茶、牛蒡浓缩液等牛蒡系列产品等，在每年为研究院科研的可持续发展争取横向开发经费约100万元，为企业直接或间接创造效益3 000多万元的同时，使该院从单纯的技术服务、技术咨询向直接参与企业建设、经营的合作开发模式转型。这种点对点的合作方式，以市场需求为导向，具有极强的针对性，使科研成果能得到迅速转化，也克服了大多数企业相对技术积累薄弱、技术来源贫乏、人才资源匮乏、技术创新后劲不足的缺憾，由此给企业带来的经济效益亦使企业乐于加强与科研院所的良性互动，从而推动行业乃至区域的自主创新、技术进步。

（3）加强实现定向技术转移

福建省中医药研究院与福州杉峰生物科技有限公司达成了"一种可食性植物干燥剂"专利成果转化合作；该专利技术是该院科研团队自主研发具有独立知识产权的中医药科技成果，以中药提取后的药渣作为原材料经过现代工艺筛选与制备而成，达到资源循环利用，实验表明其干燥效果比常规干燥剂显著提高，同时具有一定的抗菌和防霉效果，通过实践企业，在食品、日用品领域试用，取得良好效果，获得了欧盟论证书，目前用于食品、日用品、集装箱等行业等得到广泛应用，并大量出口国外，大有取代传统硅胶干燥剂的趋势。该项目通过研企双方谈判协议定价，在技术市场公示后顺利转化。

8 对外科技服务与产业联系

8.1 对外科技服务与产业联系概述

2016年，省属公益类科研院所对外科技服务活动工作量合计1 342人·年；其中科技成果的示范性推广工作，占比30.56%；为社会和公众提供的检验、检疫、测试、标准化、计量、计算、质量控制和专利服务396人·年，占比29.51%；为用户提供可行性报告、技术方案、建议及进行技术论证等技术咨询工作263人·年，占比19.60%；其他科技服务活动225人·年，占比16.77%；科技培训工作132人·年，占比9.84%；科技信息文献服务82人·年，占比6.11%；地形、地质和水文考察、天文、气象和地震的日常观察5人·年，占比0.37%（表8-1）。

截至2016年，省属公益类科研院所设立主管科技成果转化与扩散专门机构的有12家科研院所，成果转化与扩散的专职工作人员人数41人，在本单位外设有外技术转移中心（育成中心或孵化器）5个，在本单位外设立科技创业园等类似单位有3个。在本单位科技成果产业化过程中，均没有风险投资基金参与、无天使投资基金参与和无私募股权投资基金参与。省属公益类科研院所在企业建立2个博士后工作站，在本单位内与企业建立的有长期合作研发协议挂牌单位有45个，在企业建立产业化中试基地60个，以科技副职、科技特派员等形式在地方政府或企业任职的人数有42名。省属公益类科研院所直接投资控股的企业有8家，2014—2016年依托本单位科技成果成立的企业有4家，其中2016年成立的企业数量1家。省属公益类科研院所参与国家技术创新战略联盟的数量是11个，参与省级技术创新战略联盟数量是14个，参与其他类型技术创新或产学研合作联盟数量是8个（表8-1）。

表8-1 2016年福建省属公益类科研院所对外科技服务与产业联系情况

项目	2016年
一、本年度本单位人员参加对外科技服务活动工作量合计（人·年）	1 342
科技成果的示范性推广工作	239

（续表）

项目	2016年
为用户提供可行性报告、技术方案、建议及进行技术论证等技术咨询工作	263
地形、地质和水文考察、天文、气象和地震的日常观察	5
为社会和公众提供的检验、检疫、测试、标准化、计量、计算、质量控制和专利服务	396
科技信息文献服务	82
其他科技服务活动	225
科技培训工作	132
二、促进本单位科技成果推广情况	0
是否有主管科技成果转化与扩散的专门部门（1，有；0，无）	1（12）
成果转化与扩散的专职工作人员人数（人）	41
在本单位外设立技术转移中心（育成中心或孵化器）数量（个）	5
在本单位外设立科技创业园等类似单位数量（个）	3
三、科研-产业密切联系情况	
在企业建立博士后工作站数量（个）	2
在本单位内与企业建立的有长期合作研发协议挂牌单位的数量（个）	45
在企业建立产业化中试基地数量（个）	60
本年以科技副职、科技特派员等形式在地方政府或企业任职的人数（人）	42
四、单位办企业情况	
截至2016年底本单位直接投资控股的企业数量（个）	8
2014—2016年依托本单位科技成果成立的企业数量（个）	4
其中：2016年成立的企业数量（个）	1
本年以本单位知识产权作价投资，注册的企业数量（个）	0
本年以本单位知识产权作价投资，合计折价金额（万元）	0
五、科技成果转化过程中筹资情况（截至2016年年底）	
本单位科技成果产业化过程中，有无风险投资基金参与（1，有；0，无）	0
本单位科技成果产业化过程中，有无天使投资基金参与（1，有；0，无）	0
本单位科技成果产业化过程中，有无私募股权投资基金参与（1，有；0，无）	0
六、参与技术创新战略联盟情况（截至2016年年底）	
参与国家技术创新战略联盟数量（个）	11
参与省级技术创新战略联盟数量（个）	14
参与其他类型技术创新或产学研合作联盟数量（个）	8

8.2 对外科技服务分布分析

2016 年，有 33 家省属公益类科研院所参加对外科技服务活动，其中工作量最多的是福建省计量科学研究院，达到 334 人·年，占比 16.77%；服务内容为社会和公众提供的检验、检疫、测试、标准化、计量、计算、质量控制和专利服务 230 人·年，其他科技服务活动 90 人·年，科技培训工作 14 人·年。第二的是福建省农业机械化研究所，达 74 人·年，其服务内容主要集中在为用户提供可行性报告、技术方案、建议及进行技术论证等技术咨询工作（30 人·年）。第三是福建省林业科学研究，达 68 人·年，其服务内容主要集中在用户提供可行性报告、技术方案、建议及进行技术论证等技术咨询工作（20 人·年）和科技培训工作（22 人·年）（表 8-2）。

表 8-2　2016 年福建省属公益类科研院所对外科技与服务活动　　（人/年次）

科研院所	合计	科技成果的示范性推广工作	可行性报告、技术方案、项目建议等技术咨询工作	地形、地质和水文考察、天文、气象和地震的日常观察	检验、检疫、测试、标准化、计量、质量控制和专利服务	信息文献服务	其他科技服务	科技培训工作
福建省计量科学研究院	334	0	0	0	230	0	90	14
福建省农业机械化研究所	74	2	30	0	14	5	22	1
福建省林业科学研究院	68	14	20	0	0	8	4	22
福建省微生物研究所	65	5	45	0	10	0	5	0
福建省科学技术信息研究所	58	12	8	0	5	30	0	3
福建海洋研究所	45	0	44	0	0	0	1	0
福建省环境科学研究院	43	8	12	0	6	6	3	8
福建省农业科学院水稻研究所	40	30	1	0	2	1	1	5
福建省农业科学院果树研究所	39	3	1	3	12	0	0	20
福建省测试技术研究所	38	3	0	0	35	0	0	0
福建省安全生产科学研究院	37	0	9	0	12	0	10	6

(续表)

科研院所	合计	科技成果的示范性推广工作	可行性报告、技术方案、项目建议等技术咨询工作	地形、地质和水文考察、天文、气象和地震的日常观察	检验、检疫、测试、标准化、计量、质量控制和专利服务	信息文献服务	其他科技服务	科技培训工作
福建省热带作物科学研究所	35	9	8	0	1	6	6	5
福建省中医药研究院	34	1	18	0	3	0	10	2
福建省农业科学院质量标准与检测技术研究所	32	2	1	0	27	0	1	1
福建师范大学地理研究所	30	5	20	0	0	0	5	0
福建省农业科学院植物保护研究所	29	25	2	0	0	0	1	1
福建省医学科学研究院	29	0	0	0	10	7	9	3
福建省水利水电科学研究院	28	4	7	0	10	1	4	2
福建省农业科学院农业经济与科技信息研究所	26	5	13	0	0	4	3	1
福建省淡水水产研究所	26	8	4	0	2	0	6	6
福建省农业科学院农业工程技术研究所	25	8	3	0	0	0	10	4
福建省农业科学院作物研究所	25	25	0	0	0	0	0	0
福建省农业科学院茶叶研究所	23	6	2	0	0	1	12	2
福建省农业科学院畜牧兽医研究所	22	11	0	0	0	4	3	4
福建省水产研究所	21	8	4	0	4	2	2	1
福建省农业科学院生物技术研究所	20	17	0	0	0	0	0	3
福建省农业科学院农业生态研究所	19	10	3	1	1	0	2	2
福建省农业科学院土壤肥料研究所	19	5	5	1	2	1	3	2
福建省标准化研究院	18	0	3	0	10	3	0	2
福建省农业科学院农业生物资源研究所	18	12	0	0	0	0	0	6

(续表)

科研院所	合计	科技成果的示范性推广工作	可行性报告、技术方案、项目建议等技术咨询工作	地形、地质和水文考察、天文、气象和地震的日常观察	检验、检疫、测试、标准化、计量、质量控制和专利服务	信息文献服务	其他科技服务	科技培训工作
福建省农业科学院亚热带农业研究所	16	0	0	0	0	3	8	5
福建省闽东水产研究所	3	1	0	0	0	0	1	1
厦门大学抗癌研究中心	3	0	0	0	0	0	3	0

9 重点发展方向

2016年是"十三五规划"开局之年，本章主要展现了38家公益类科研院所近几年的重点发展方向，以供有关部门参考决策。

9.1 应用基础科学（4所）

9.1.1 福建省微生物研究所

9.1.1.1 加强微生物新药筛选平台建设，提高新药创制水平

基于国家新药（微生物）新药筛选实验室和福建省（微生物）新药筛选实验室的历年工作基础，争取"十二五"国家新药创制重大专项的子课题《创新微生物药物高效筛选与发现技术平台研究》、新药创制重大专项——候选化合物研究、国家药用微生物资源平台建设项目以及福建省新药创新平台建设等项目支持，加强药用微生物资源库、微生物代谢产品样品库建设，购置先进仪器，加强科技联盟，引进先进技术，建立筛选新模型，提高新药筛选效率，增强新药创制能力。

按照国家科技资源平台的要求，不断进行稀有放线菌和海洋放线菌为主的特色资源的增量研究，5年内达到3万份的资源保藏规模，规范完善药用微生物资源的标准化整理，逐步实现资源信息和实物的有条件共享，在资源数据化、信息化的基础上加强资源的功能研究以及资源的开发应用，充分发挥保藏资源的价值。

加强基础性研究，重点开展药物合成基因水平的分子筛选模型、细胞水平的抗肿瘤作用筛选模型以及细胞信号途径靶位的筛选模型研究，分别建立微生物遗传技术实验室和细胞培养实验室。根据国家"十二五"创新药物研究开发项目提出的目标要求，重点针对恶性肿瘤、自身免疫性疾病、耐药性病原菌感染、肺结核、病毒感染性疾病等重大疾病，以及其他严重危害人民健康的多发病和常见病，开展创制药物的研究工作。

加强新药筛选关键技术研究,解决微生物菌种 DNA 快速鉴定、活性菌株发酵、代谢产物的早期结构类群鉴别、化合物快速分离纯化、微量化合物的结构鉴别等关键技术,提高新药发现效率;

以新药筛选平台为依托,积极申请承担省生物医药产业重大专项研究《新药创制及药物创新技术平台建设》,组织申报各类省部级科研基金,特别是争取在国家自然科学基金项目申请上能有所突破。

以省重点实验室为平台,结合实验室的研究方向,逐步尝试设立开放性课题,在条件成熟的情况下申请建立一个博士后流动站,搭建一个开放交流的平台,短期引进一些优秀的博士和访问学者,增进与大学和科研院所的交流,达到自我提升的目的。

加强合作,与省内外相关新药研发单位合作,利用合作单位的研发优势,特别利用他们建立的特色药物作用靶位,分子、细胞以及动物模型,扩大对资源库和样品库的筛选范围,达到资源共享的效果,共同开发微生物资源库,提高资源的利用率;加强产学研的合作,积极争取国内有实力的医药企业早期介入新药筛选,逐步向企业作为新药研发主体的目标发展。参与国内微生物药物创新技术联盟,联合省内主要研发机构和微生物药物生产企业,组建"福建省微生物药物产业技术创新战略联盟",发挥联盟在福建省新药研发、产业化技术开发、重大医药项目实施等方面的火车头作用。

9.1.1.2　建立新靶点 mTOR 抗癌药物研发平台,推进靶向抗癌药物研究

基于雷帕霉素类抗肿瘤药物的研究基础,将力争获得 10~15 个雷帕霉素新衍生物,初步建立药理实验室,开展药理药效研究。

通过微生物转化法、化学半合成法以及生物合成基因改造法,加大对雷帕霉素新衍生物的筛选研究,研制开发雷帕霉素新衍生物,并争取国家对候选化合物的研究立项支持。

培养与引进细胞药理学人才,重点开展细胞水平免疫激活、免疫抑制活性研究,体外肿瘤细胞活性研究。逐步建立初步药理实验室,建立细胞水平药物作用模型,开展抗肿瘤活性药物的初步药效评价和新药筛选。开展细胞信号传导途径关键靶位(如 mTOR 靶位)、细胞凋亡靶位的作用模型研究,建立针对分子靶位的新药筛选,为获得有知识产权的创新药物奠定基础。

加强对新靶点 mTOR 靶向抗肿瘤雷帕霉素衍生物的强仿(me to 和 me better)研究。加紧对目前国外已上市或正在进行临床研究的靶向治疗晚期肾癌药物 Temsirolimus(CCI-779)、软组织和骨骼(肉)瘤以及晚期肿瘤的靶向治疗药物 Deforolimus(AP23573)等衍生物的合成和纯化工艺路线研究和药理、药效、药剂研究,申报 1~2 个福建省新药创制重大专项支持,加快这些针对恶性肿瘤的靶向抗癌药物研究,并组织新药报批工作。

9.1.1.3 加强微生物发酵技术平台建设，为企业提供产业化品种和技术服务

加强微生物发酵平台建设，加强对已有微生物药物和微生物发酵品种的发酵工艺研究，微生物发酵品种的中试技术研究，为企业提供工业化成熟技术和发酵品种，为企业提供发酵技术中试研究任务，为省内外科研院校、企业培训发酵技术人才。

重点开展研究所在研的一批有较好市场前景的药物品种如抗耐药菌酯肽类抗生素达托霉素、抗耐药菌糖肽类抗生素替考拉宁、免疫抑制剂咪唑立宾、他克莫司、子囊霉素、大环内脂类抗肿瘤抗生素埃坡霉素（Epothilones）、脂肪酶抑制剂 lipstatin 的发酵技术和中试研究，培育高产菌株，建立成熟的工业化发酵技术，并转让给相关生产企业，实现科研成果转化和应用，创制社会效益。

引进、消化、吸收相关领域工程化先进技术，提升平台的技术优势。发酵技术逐步提升自动化水平，增加分析参数，提高参数分析水平；承担新药筛选研究中试任务，探索发酵条件，累积发酵样品，以提供进一步研究使用。

提升发酵下游处理技术，特别是加强高效、快速、自动化和连续性色谱分离技术研究，动态轴向压缩柱（dynamic axial compression, DAC）、模拟移动床色谱（simulated moving bed chromatography, SMB）、超临界流体色谱（supercritical fluid chromatography, SFC）等技术在微生物药物研究、生产上的使用，重点研究这些技术从分析规模到制备生产规模的发展。

承接大学、科研机构及企业承担的微生物发酵品种的发酵工艺改进及中试研究任务，提供发酵技术服务，为社会培训发酵技术人才。

9.1.1.4 建设化学合成与半合成药物研发平台，推进抢仿化学药研发进程

开展药物的合成和半合成研究，建立新化合物库，推进化学药研发进程，储备医药新品种，为企业提供医药新品种和新技术。

开展对即将专利到期的预防某些霉菌和酵母样真菌引起的真菌感染的新药泊沙康唑（posaconazole, Noxafil）化学法和酶法相结合的新合成路线、晚期乳腺癌治疗新药氟维司群等化学合成药物的抢仿研究，争取在专利到期前打通工艺路线，申请新工艺发明专利，并组织开展新药报批工作，力争获得1~2个国家新药临床研究受理件。

承接企业委托的化学合成药研究任务，打通合成工艺路线，帮助企业解决在新药报批中出现的质量问题，推进企业的新药研发进度，储备医药新品种。

开展药物半合成新衍生物研究，重点开展雷帕霉素、环孢素、他克莫司、子囊霉素、四环类、氨基糖苷类等抗生素的系列半合成新衍生物研究，建立半合成化合物库，提供新

药筛选研究。争取获得数十个新化合物。

9.1.1.5 建立药物制剂研究实验室，加快药物新剂型研究和新药报批工作

与医药企业合作，引进高层次药物制剂研究高层次人才，建立药物制研究实验室，加快对西罗莫司包衣片、雷帕霉素滴眼剂、他克莫司胶囊、他克莫司软胶囊、吗替麦考酚酯胶囊、塞加滨片等药物新剂型的研究和报批工作，并为企业提供制剂质量研究和新药报批技术工作。

9.1.1.6 加强大型仪器共享平台建设，推进药物质量分析技术研究

为加快新药研发进程，将通过申请各类专项经费、重大专项经费补助，添置急需的定量型液质联用、气相色谱—质谱联用仪等大型先进仪器设备，开展分离、纯化技术以及药物质量分析技术研究，为新药研究提供高质量的质量研究和技术分析服务。

9.1.1.7 加强食品、工业、农业、环境等微生物应用技术以及生物制品的研究

立足于福建省的市场情况和需求，引进高层次人才，建立以农产品发酵加工、益生菌、生物农药为重点，开展工业微生物、农业微生物以及环境微生物等应用技术及产业化关键技术研究开发，解决传统发酵食品的酿造工艺难题，开发绿色的益生菌和生物农药，利用微生物开发生物质能源；引入人才和项目，适时开展生物制品。争取用5年的时间，初步建成应用微生物技术研发平台，培育微生物应用技术开发团队，提升服务经济能力。

发挥微生物发酵的技术优势，研究黄酒、啤酒的发酵工艺改进，菌种纯化，研究酶技术、膜分离等技术在发酵及后处理过程的工程化应用，为企业提供技术支撑。

针对益生菌在保健食品、禽畜饲养、水产养殖业等领域的应用和产业化中出现益生菌菌株（菌群）筛选、作用机理、活性保存、制剂配方等技术问题，开展应用研究，并推向产业化，提高人们的对益生菌的了解和认可度。

适时开展生物农药、环境污染生物治理等领域的微生物应用技术研究。针对亟待解决的环境污染问题如目前各海域接连爆发海水富营养化而引起的赤潮现象，通过分离筛选能高效抑制赤潮藻（如小球藻等）生长的微生物菌种——细菌、放线菌、藻类，并从中找出活性成分加以鉴定及研究，为生物抑藻/杀藻治理赤潮提供帮助。

以红色诺卡氏菌细胞壁骨架（N-CWS）的新剂型、新用途的研究为契入点，开展生物制品的研究，适时引进生物技术人才和项目，以基因工程、细胞工程、蛋白质工程、发酵工程等方式，着力研发用于人类疾病预防、治疗和诊断的生物制品，拓宽生物技术研发领域。

9.1.2 福建海洋研究所

福建海洋研究所 1979 年建所就明确以台湾海峡区域海洋学研究为科研目标，是一所公益型综合性海洋科学研究机构。根据福建面对台湾海峡，毗邻南海东海，海岸线漫长，港湾海岛众多的，人口经济重心在沿海地区的实际，研究所围绕四个主要科研方向，开展交叉学科综合研究工作。

9.1.2.1 台湾海峡与毗邻海域海洋学研究

以国内唯一省级管理的海洋综合调查船"延平2号"为依托，开展台湾海峡区域海洋学研究。研究区域以台湾海峡与福建近海为重点，向东海、南海及台湾周边海域延伸，积累覆盖广泛的长时间序列环境监测数据。监测全球变化（气候异常及人为干扰）对福建沿海及重要河口海湾的重要影响，推动两岸海洋环境的交流及合作，支撑区域重大海洋科学与技术问题的研究。

一是持续开展平台能力建设。2013年在福建省地震局支持下，共建《"延平2号"科考船海洋物探平台》，形成完善的人工震源船勘测能力，为国家地震局"台湾海峡西部地壳深部结构探测"项目与海峡两岸科技合作提供海上调查技术支持。二是依托科技创新平台的支撑提高作用，以国家自然科学基金项目共享航次计划为引导，探索海上观测平台共建共享与海洋现场数据长期积累的机制，推进"延平二号"在台湾海峡及毗邻海域海洋调查的区域性开放科技平台的作用，扩大国内、海峡两岸、国际合作的范围与影响。

9.1.2.2 海洋与海岸带地区可持续发展前沿领域的科学研究

通过持续推进海洋调查数据开放信息中心实验运行，形成条件良好的多功能信息服务平台，实现开放使用，通过数据挖掘，充分发挥珍贵海洋调查监测资料的应用潜力，支撑台湾海峡海洋科学研究与应用的开展，服务海峡西岸经济区转变发展方式与跨越发展。依托"福建省海岛与海岸带管理技术研究重点实验室"，应用多学科交叉的方法，借助海洋数值模拟和信息化等技术，重点开展：海洋与海岸带地质研究、海洋水动力环境研究、海洋功能区划技术、重点海域及区域规划、地理信息数据处理技术、综合信息共享平台及应用研发、海洋3S技术综合应用、海洋过程数值模拟、海洋遥感处理与应用、海洋生态系统评估、海洋工程测绘技术。

9.1.2.3 海洋环境科学与环境保护技术研究

依托"福建省海陆界面生态环境重点实验室"（与厦门大学联合建立）、"福建省海上环境调查监测技术公共服务平台",整合 CTD、ADCP、GPS、测深仪、气象仪等船载仪器设备资源、对海上环境调查监测进行网络化建设、构建陆域海上调查数据中心等信息基础建设,瞄准全球变化和人类活动等多重压力下近海—流域生态系统演变机制的重大科学前沿,同时针对国家与地方对近海-流域生态安全和防灾减灾的重大需求,主攻以台湾海峡及其毗邻近海-流域为典型研究区域,开展台湾海峡—典型河口—海湾生源要素地球化学和海洋生态环境化学研究、典型河口—海湾营养盐动力学富营养化特性及形成机制的研究、海洋有机污染物的来源分布迁移及其生物地球化学循环研究、有机污染物在海洋及食物链中的迁移及生物地球化学研究、沿岸带近海海洋环境污染及其生态效应研究、海洋环境监测、海洋资源开发与环境系统健康评价、海洋污染防治与生态保护等关键技术研究、海洋环境管理技术研究,提高区域海洋与海岸带管理的科技服务能力,促进海峡两岸海洋生态环境领域的合作,为建设福建海洋强省、为海峡西岸经济区的可持续发展提供科学技术支撑。

9.1.2.4 海洋生态系统与生物技术研究

积极开展台湾海峡生物资源(主要包括浮游生物、底栖生物和渔业资源)调查研究,区域性海洋生态环境评估,赤潮生物及赤潮产生机制研究,海洋生物新品种繁育技术研究,海洋生物高效养殖技术及病害防治研究,海洋微藻生理生化及光谱方面的研究。

9.1.3 福建师范大学地理研究所

未来五年,地理研究所继续立足湿润亚热带区域特色,探究区域发展重大科学问题,形成了森林生态系统过程及其对全球变化的响应、湿地生物地球化学循环和生态保育、第四纪环境演变与全球变化、人口与区域发展、水土流失治理、资源开发利用与区域经济发展研究、区域综合减灾、闽台地理交叉研究等 9 个相对稳定、特色鲜明的优势研究领域。

9.1.3.1 森林生态系统过程及其对全球变化的响应

重点开展研究亚热带常绿阔叶天然林、人工林碳氮磷水等主要生源要素生物地球化学循环,及其对模拟氮硫沉降、降雨、土壤升温等环境变化的影响及机理;森林转换对土壤有机碳和养分损失、土壤有机质稳定性的影响机制和深层土壤有机碳的调控机制。

森林生源要素生物地球化学循环:研究限制亚热带森林生长的主要元素氮、磷的生物地球化学循环过程,探讨亚热带森林凋落物、细根分解、养分归还过程及植物-微生物相互作用机制,揭示不同森林经营方式(采伐、林地清理、更新等)影响下的森林氮磷等养分循环、转化和损失过程及其对森林长期地力的影响,发展亚热带森林生产力维持的理论与技术。

森林温室气体源汇及其对土地利用/覆被变化的响应：研究森林植物多样性与土壤微生物多样性、碳贮量、土壤碳通量之间的相互关系，阐明地上/地下生物多样性对森林碳吸存功能的作用机制，揭示土壤微生物多样性对土壤碳过程的调控作用；建立适合于湿润亚热带山地的碳循环机理遥感模型，解决复杂下垫面条件下的区域碳汇计量难题，阐明我国湿润亚热带区域碳汇在全球的地位。研究土壤甲烷氧化菌的关键调控因子，揭示土壤氧化甲烷机理，探讨森林植物自身是否排放甲烷的国际争议问题，评估湿润亚热带森林甲烷源汇功能。针对湿润亚热带山地土壤氮相对饱和特点，利用土地利用/覆被变化序列构成的土壤氮梯度，研究土壤氮转化关键过程、N_2O 通量及关键控制因素；揭示氨氧化细菌和氨氧化古菌及组成对硝化作用和 N_2O 通量的影响；定量硝化作用和反硝化作用对 N_2O 通量的贡献；验证目前国际上流行氮过程模型在本地区的有效性。

本方向将形成湿润亚热带山地特色的森林元素生物地球化学循环理论体系，有利于促进地理学与生态学学科的交叉融合，推动地理学的发展。研究成果对促进我国亚热带森林生产力维持和森林可持续经营有重要意义，同时为满足我国亚热带森林碳增汇、温室气体调控等提供重要科技支撑，对发挥福建省森林覆盖率全国第一的优势有重要意义。

9.1.3.2 湿地生物地球化学循环和生态保育

以我国东南沿海具有代表性的闽江口湿地为研究区域，系统研究河口区潮汐沼泽湿地碳氮循环的各个过程及其微生物学机制；探讨温室气体排放对于外来植物入侵、酸沉降、土地利用/覆盖变化、盐水上溯等变化的响应，其中关于河口潮汐沼泽湿地温室气体动态的研究目前在国内已得到同行的认可并具有一定的研究优势，同时，在国际上的影响也在逐渐扩大。

本方向将深化和拓展地理学在河口区的内涵和外延。通过探讨湿地的生态恢复与建设、污染物防治和入侵种互花米草的综合治理等应对措施，以满足国家在降低河口湿地与近岸海洋生态与环境风险的重大需求，为福建省滨海河口地区湿地生态系统健康的维系、生物多样性保育和湿地生态服务功能的发挥提供科学依据和技术支撑，实现社会、经济与环境的可持续发展。

9.1.3.3 第四纪环境演变与全球变化

瞄准全球变化热点科学问题，选择中国若干全球变化的敏感区域，以各种载体为研究对象，进行地貌过程与环境演变研究。在以下方面颇具特色与优势。

红色地层及其古地理环境研究：武夷丹霞山通常被认为是河流湖泊形成的红色钙质胶

结的砂砾岩层，但其物质组成、元素组成、微形态等特征均类似于第四纪土壤—古土壤沉积，而与现代河流湖泊沉积特征不吻合，成为国内外争议焦点。根据土壤—古土壤的基本特性，联合国际知名古土壤学专家对丹霞红色地层重新进行考察与鉴定，借助环境磁学，环境元素地球化学、稳定同位素等先进技术手段，研究丹霞红色地层的形成过程，推动古土壤学的发展与认识，从而揭示红色地层中蕴含的古地理环境演变信息。

环境演变与气候变化：在气候变化背景下，未来气候变化趋势的预测依靠古气候研究的发展与进步。结合气候动力理论研究和现代综合观测资料，依托古环境演变的研究成果，揭示不同时空尺度上全球及区域的重大环境事件；分析海峡两岸多时间尺度气候变化的空间差异及时空关联，尤其是"极端气候事件"发生的频率与幅度，评估人类活动对气候变化的贡献程度。

海峡两岸植被对全球气候变化的响应与适应：以海峡两岸山地树轮资料为研究对象，建立两岸山地对气候变化敏感的多树种树轮年表序列，输出两岸地区过去数百年以来干湿变化的图集，揭示气候变化特征的差异及其时空关联，反演森林对气候变化的响应与适应过程；利用 LPJ-GUESS 植被模型理解海峡两岸地区植被动态，探寻气候变化对不同区域植被的影响，推测不同未来气候变化情境下，区域植被可能的变化趋势，评估其对碳循环和气候变化的贡献。

本方向研究涉及地理学、生态学、化学等多个学科，其成果将促进古土壤学、古生态学、古气候学的发展，有助于深入的了解气候变化的过程与机制，增强我国气候谈判国际话语权和应对气候变化能力。

9.1.3.4 人口与区域发展

本方向主要探讨流动人口的迁移特征与规律、权益保护以及相关公共政策；探讨就地城镇化的特征、产生的机制以及规划调控；探讨贫困区域经济社会发展与生态环境保护之间的协同，以及气候变化背景下高温热浪对脆弱性人群的影响与适应等区域重点与热点科学问题，为福建省区域可持续发展提供科学依据。

9.1.3.5 水土流失治理

针对红壤区水土流失严重及侵蚀退化地生态恢复难度大等问题，基于长期定位观测、模拟实验与空间信息技术，揭示严重退化地的侵蚀特征、演变过程及形成机制，阐明典型红壤侵蚀区生态恢复与重建机理，开发红壤退化地关键生态调控技术和生态恢复重建模式，为区域社会经济可持续发展提供科学支撑：

山地开发对水源地水质影响及面源污染机理：重点研究水源地山地开发前后的水土流

失特征及其与水质变化的关系，定量评价不同开发方式、耕作管理模式和污染物迁移转化对水质影响程度以及地表径流与壤中流的水质变化，分析面源污染对重要水源地水质影响，建立小流域面源污染负荷估算模型，提出了生物篱和三区防治生态调控技术。

侵蚀退化地生态恢复重建理论与调控技术：基于红壤侵蚀退化地不同治理措施和不同恢复度的定位监测，结合数值模型的分析技术，分析生态恢复与重建的时空变化格局与驱动因素，定量评价生态恢复重建过程中生物多样性、元素循环、水土保持与水源涵养功能以及环境互动效应，揭示生态恢复过程中诸生态因子的变化及其对种群动态的贡献，解析退化山地水土流失调控模式的结构与功能，提出退化地生态恢复重建的理论与机理、关键技术及模式。

本方向将在红壤坡面水土流失过程与面源污染机理、严重侵蚀退化地生态恢复重建理论体系和关键技术等方面取得突破，不仅可以提升本学科创新能力，而且对政府决策、加速福建生态省建设、改善人居环境、推动海峡西岸经济区可持续发展具有重要科学价值和实际意义。

9.1.3.6 资源开发利用与区域经济发展研究

发挥本研究所多学科交叉融合的优势，开展资源开发利用与优化配置研究，构建区域土地资源开发利用的环境安全空间格局，服务地方社会经济发展。

资源开发利用与优化配置研究：开展自然资源耦合利用与优化配置研究；水土地资源利用效率的时空差异及机制研究；自然资源的生态补偿研究；区域资源开发利用的环境安全空间格局构建；闽台区域资源对比与协同利用研究等。

区域经济发展研究：开展海上丝绸之路经济带经济联系网络结构与发展研究；全球生产网络下闽台重点产业整体性转移与承接的模式、机理与效应研究；不同类型产业集群创新网络的空间尺度研究；海峡西岸经济区区域经济差异格局的演变及机制研究；闽台农业产业合作体系、模式、机制及效应研究等。

本方向可为海峡西岸经济区建设资源节约型和环境友好型社会提供决策支持，为海峡西岸经济区实现生态良性循环、自然资源合理利用、社会经济可持续发展提供科技支撑。

9.1.3.7 区域综合减灾

海西地处我国东南沿海，台风灾害频发，快速城市化与生态环境脆弱性放大了巨灾风险。防灾减灾是区域社会经济发展的重大需求，是跨越众多专业部门，横贯多个学科的综合性课题。发挥地理学的综合优势，服务我省防灾减灾的人才培养、基础研究、技术开发和科普教育；为各有关单位提供防灾减灾技术咨询、灾害风险综合评估与灾害应急决策支持服务。优先发展领域为以台风灾害链为主的区域自然灾害过程规律、综合风险管理、重特大自然灾害链情景模拟、防范与应急决策过程仿真等研究。具体包括以下三个重点发展方向。

区域自然灾害综合风险评估：研究城市化、水土流失等地表过程与全球气候变化叠加的灾害效应与灾害风险；人口、工程设施等社会经济承灾体的空间结构，致灾因子的空间过程；开发综合风险评估技术，为区域规划与灾害防治提供服务。

灾害监测与损失评估技术：研究多平台、多传感器综合集成的灾害过程监测技术体系及其创新应用模式；重点研究卫星遥感技术与地理信息系统、网络通信、移动定位和视频GIS等技术的集成方法及其在典型灾害监测中的应用，为灾害监测、灾情快速评估提供技术支撑。

灾害链过程模拟与应急管理：开发虚拟地理环境技术，模拟常见的台风、洪涝等灾害以及火灾等城市突发事件的发生发展过程，并应用于突发事件应急管理；重点研究突发事件场景建模、应急预案可视化、虚拟应急演练等技术及其在公共安全管理和减灾教育中的应用。

9.1.3.8 城市与区域规划

在省级主体功能区规划的基础上，继续开展土地利用规划、生态文明示范区规划、产业布局规划，探讨县级功能区规划，尝试区域可持续发展实验区规划，积极参与各级政府的十三五规划，为区域发展提供决策咨询。

本研究方向致力推动人文地理学与人口学、社会学、经济学与区域规划学科的交叉融贯发展，并形成具有显著特色的专业方向与优势领域，就事关区域发展全局的城镇化与人口迁移、主体功能区划、产业布局等关键问题上进行有益探索，为福建省可持续发展提供决策咨询。

9.1.3.9 闽台区域地理交叉研究

通过闽台区域地理交叉研究，深入揭示两地地缘文化、地缘经济和地缘政治交互演化的历史过程及其关联机制和在两岸发展中的作用，为促进两岸和平发展和推进和平统一提供地理方面的决策依据；鉴于两岸存在相似的环境和地域空间格局，通过两岸经济发展和城镇化过程中人口迁移聚散、基层文化特征（包括语言、信仰、风俗等）演化、产业布局、城镇结构、资源集约利用、环境与生态保育等问题的对比研究，为福建省的区域发展和以就地城镇化为特征的城镇体系布局及城市生态建设提供决策借鉴和科学依据。

9.1.4 福建省武夷山生物研究所

9.1.4.1 "中国福建武夷山生物多样性研究信息平台"建设

进一步完善中国福建武夷山生物多样性研究信息应用系统，补充完善武夷山生物多样性数据。继续开展针对性科学考察活动，进一步摸清武夷山生物多样性现状，同时结合科考采集保存武夷山野生生物种质资源。

在大型固定监测样地的基础上，启动定点观测研究。以武夷山最具代表性生态系统-常绿阔叶林为研究对象，开展生物多样性定点观测研究试验，在样地里布设红外相机、便携式气象仪、林冠穿透雨收集器、马来氏网等仪器设备和建造测流堰、地表泾流场等科研设施，对监测样地进行水文、气象、动物监测、昆虫监测等生态数据采集。

以开展生物多样性保护的重大科学理论和关键技术研究，提升福建省在生物多样性保护、研究和应用等方面的整体创新能力和水平，为武夷山生物多样性的保护和可持续利用提供技术与基础条件支撑为目标。

适时启动开展研究武夷山各生态系统中主要生物类群群落结构的时空动态变化和武夷山闽江水源地生物类群的群落结构与动态变化，探索武夷山生物多样性演化规律为主要观测内容，选择并建成具有代表性意义的武夷山生物多样性长期定点观测中心。近期先建成武夷山常绿阔叶林群落结构动态变化监测中心。

9.1.4.2 "武夷山生物多样性保护研究基地"基地建设

武夷山生物所现有实验室面积 60 平方米，标本室面积 40 平方米。实验室内已经配备仪器有德国蔡司体式显微镜、奥林帕斯生物显微镜、超低温冰箱、可见紫外分光光度计、超纯水仪、定氮仪、恒温培养箱、立式培养振荡器、恒温培养振荡器、超净工作台等仪器设备，还拥有所需的化学试剂、贵重生化试剂。用于对生物标本、土样和水样的保存以及简易、快速的处理和检测。随着科研的深入，必要时可以增加仪器设备完善实验室建设，建成开放式的武夷山生物多样性研究公共实验室。以加强武夷山生物多样性研究科学数据共享服务为目的，补充完善武夷山生物多样性专题数据资源及水文、气象数据，开发科研数据野外采集系统，建成武夷山生物多样性研究科学数据中心。推进"武夷山生物多样性保护研究基地"建设，打造大型监测样地。以大型固定样地为主的森林生物多样性监测受到越来越多的关注，为人们了解生物多样性的变化及其影响，理解物种共存机制等提供了翔实的数据。

9.1.4.3 加强公共实验室和野外科研设施建设

武夷山被中外生物学家称为"鸟的天堂""蛇的王国""昆虫的世界""研究两栖、爬行动物的钥匙""世界生物之窗"。在"中国福建武夷山生物多样性研究信息平台"建设的前提下，分阶段开展鸟类、两栖、爬行动物、兽类、鱼类监测研究，按动物种类不同制定调查样区和调查样线，分季节定期调查。并适当采集和制作鸟类、两栖、爬行动物、鱼类的实体标本增加武夷山生物所的标本数量和种类。

建设福建省科普基地（省青少年科技教育基地），更好地开展武夷山生物多样性科普工作，重点在生态环境保护与各产业的可持续发展，农业研究与农业生态环境的综合治理，区域经济发展与生物资源的开发利用等领域开展科学研究工作。积极探索新的科学领域，壮大武夷山生物所科研实力，增强科技后劲，为福建省科技事业和地方经济发展做出贡献。

9.2 农业科学（22所）

9.2.1 福建省林业科学研究院

9.2.1.1 林木育种

开展南方主要造林树种（杉木、马尾松、桉树、福建柏、竹类、木麻黄、柳杉、油杉等）和珍贵乡土用材树种（香樟、红锥、鄂西红豆树等）的种质资源收集保存评价、遗传改良和良种选育、种子园稳产高产技术、组织培养与微体繁殖技术研究等方面有所突破。

9.2.1.2 森林保护

重点开展检疫性森林有害生物的监测预警技术、检疫技术、综合防治技术研究；白僵菌、绿僵菌、寄生蜂等为主的天敌防治森林害虫技术；主要树种病虫害的综合控制技术；力争在松材线虫病、沿海防护林木麻黄、红树林、油茶及茶树等经济林木主要病虫害持续控制技术以及在生物防治、抗性育种等研发上有所突破和创新。

9.2.1.3 森林生态

重点研究沿海防护林体系可持续经营、森林生态系统定位观测、结构与功能评价、退化森林生态系统恢复、林业碳汇研究，特别在"3S"技术应用于森林资源与环境动态监测研究等方面有所创新。

9.2.1.4 滨海湿地

加强滨海湿地生态恢复的应用基础研究，重点围绕退化滨海湿地生态系统恢复、互花米草综合治理、生物多样性保护、红树植被恢复与重建、湿地结构与功能、滨海湿地保护与合理利用等方面开展研究。

9.2.1.5 森林资源培育

重点开展南方主要造林树种和乡土珍贵树种的定向培育和速生丰产栽培技术、加强林木营养诊断与配方施肥技术、主要竹种、经济林高产高效栽培技术、困难立地的植被恢复技术、森林可持续经营技术研究。

9.2.1.6 林产品精深加工

重点开发松香、松节油、活性炭及包膜型缓控释肥等系列精深加工技术，木材、竹材及其他复合材料关键技术，人造板二次以上精深加工技术，竹材化学利用、胶粘剂、木材加工产品功能性改良技术、家具装饰材料增值利用技术，研制适用于南方丘陵山地的林业机械。

9.2.1.7 非木质资源利用

重点开展非木质植物资源和森林动物资源的开发利用，特别是木本油料树种油茶的品种创新、快繁推广和高效栽培等技术研究，经济林树种薄壳山核桃、橄榄等引种栽培，生物质能源及化工原料树种油桐、无患子、小桐子、乌桕、香樟、白千层等开发利用，金银花、草珊瑚等非木质的综合资源利用，绿色竹笋食品、炭质专用肥和非木质资源重组材开发利用技术研究等。

9.2.1.8 园林花卉

主要研究园林植物种植资源汇集、分类与评价，开展木本花卉、观赏树木的引种驯化、繁殖与栽培、园林植物科学配置与造景技术等方面的理论及技术研究。

9.2.1.9 林业生物技术

开展林木花卉组织培养技术研究，提升林木花卉分子遗传学研究，开发林木花卉转基因技术，利用分子遗传学原理培育新品种，并通过组织培养手段进行快速繁殖及推广应用。

9.2.2 福建省农业科学院茶叶研究所

9.2.2.1 茶树育种方向

继续征集国内外优特茶树种质资源及原生境数据库建设：进一步征集、保存茶树种质资源，丰富遗传多样性；对征集、保存的省内外优特茶树种质资源进行生化组成检测及对部份种质开展品质、抗性与适应性鉴定评价，筛选出适宜本省应用的优质茶树新品种（系）2~3个，供优质茶开发利用；建立引进种质原生境、生化组分数据库。

乌龙茶种质资源遗传背景分析及新种质创制：以优质、高功能性成分或具有特异性状等为主要育种目标，继续鉴定评价并创新利用种质资源。以常规育种为主，开展茶树种质资源杂交创新与优质乌龙茶、绿茶新品种选育研究；高氨基酸（≥5%）、富含EGCG等保健功效成分茶树新品种选育研究；继续进行氮高效种质筛选及茶树体内氮吸收、转化、利用的机制探索。

优异乌龙茶新品种（系）选育：利用分子生物学手段加快茶树资源鉴定及茶树遗传育种研究。利用SSR、AFLP等分子手段构建福建省主要品种指纹图谱；应用SSR分子标记技术评估约200份茶树种质资源遗传多样性，筛选遗传基础广泛、杂种优势强、利用价值高的优特种质，直接用于生产或作为亲本加以利用，以缩短育种进程。

高氨基酸、特异色泽绿茶新品种选育研究：完善、优化育种学科实验条件、设备和田间设施等平台。

9.2.2.2 茶树栽培方向

茶园智能覆盖设施及其周年应用研究：研制茶园可伸缩遮阳网及可依设定的环境技术参数而自动调控遮阳网伸缩的茶园覆盖棚；探讨各季茶园优化覆盖的环境主因子（夏暑—光照强度，秋—空气相对湿度，冬末春初—气温）及其最佳参数值；探讨优化覆盖对茶叶产质等的影响效应及周年优化覆盖技术方案。

茶园碳氮循环规律及低碳栽培技术研究：探讨茶树氮素吸收、运输与分配规律及其对茶叶产质形成效应及作用机理；探讨施肥的数量、时期、方法和肥料形态等综合农艺技术措施（土壤改良、生物固氮和生物黑炭应用等）氮素营养调控高效利用技术模式；探讨有机肥与化肥配施、土壤改良、生物固氮和生物黑炭应用等对茶园土壤固碳增汇和温室气体减排的影响，总结出最佳的既能保证经济产出又能增强土壤固碳减排能力的茶树低碳栽培技术模式和规程。

茶叶机械采摘与农艺耦合缺失技术研究：从茶树修剪、开采时间和养分供给等探讨提升机采鲜叶质量的可行技术方案；总结形成与机采相匹配的生产技术操作规程，为大宗茶规模化、省力化生产提供技术支撑。

9.2.2.3 茶树植保方向

茶树主要害虫生防资源利用研究：茶树主要害虫生防微生物资源收集保存与筛选利用研究、茶园生防微生物功能基因发掘与创新利用、新型生物农药创制与应用；茶树主要害虫天敌资源（寄生蜂、瓢虫等）保护与利用研究。

茶叶质量安全控制技术研究：茶叶农药残留与用药安全性评价、水溶性替代农药筛选与应用技术研究、茶园用药可追溯技术研究。

茶树抗虫性种质资源筛选、鉴定与利用研究：茶树种质对主要害虫假眼小绿叶蝉、茶叶螨类、茶尺蠖等的抗虫性筛选与鉴定、抗虫性生化与分子机理研究。

茶树主要害虫抗药性监测与治理研究：茶园主要害虫（叶蝉、丽纹象甲等）对常用农药的抗药性监测、抗药性形成的生化与分子机理研究、农药复配剂及增效剂的增效技术研究、研发复配农药配方。

茶树害虫化学生态学研究与应用：茶树—害虫—天敌三重营养关系研究，茶树害虫、天敌行为调控技术研究，信息素的研究与应用。

茶树主要害虫绿色防控关键技术集成与应用：农业、物理防控技术（色诱、灯诱）技术研究，害虫生态控制技术研究，有机茶园害虫防治关键技术研究集成与示范。

9.2.2.4 茶树加工方向

优质茶新产品研发：根据优特茶树品种鲜叶原料的生化特征基本属性，基于茶叶风味品质形成的生化原理，应用多茶类复式加工等技术，开发优质茶新产品。

茶叶现代化加工关键技术升级及其装备研发：主要有杀青温度自动控制和干燥温度自动控制设备；智能程控系统含人工智能设备，有效控制商品茶加工过程中各道工序的质量关键点，从而避免杀青工序不能杀匀、杀透以及干燥、提香工序出现焦叶和高火等不良现象，实现茶叶智能化加工及装备升级。

多茶类加工工程控制技术研究：开展白茶、红茶、乌龙茶加工工程控制技术研究，定向发展茶叶品质。

9.2.2.5 茶叶生理生化方向

基于分子生物学和生物化学（化学指纹图谱）分析检测平台，开展乌龙茶种质资源生物技术应用基础研究：乌龙茶资源品质化学分析及模式识别研究、乌龙茶资源生理生化特性及早期鉴定研究、乌龙茶资源代谢组学及生理调控技术研究、乌龙茶资源遗传识别及种质创新技术研究、乌龙茶资源茶类适制性工艺技术参数研究、乌龙茶资源抗病虫性及农残检测技术研究、乌龙茶资源多元信息数据库建设技术研究。

9.2.3 福建省农业科学院水稻研究所

9.2.3.1 研究机构建设

水稻所加挂福州国家水稻改良分中心、福建省杂交水稻工程技术研究中心，内设办公室、保卫科、信息化研究室、成果转化与技术服务研究室、二系杂交稻遗传育种研究室、三系杂交稻遗传育种研究室、常规优质稻遗传育种研究室、超级稻遗传育种研究室、特种稻遗传育种研究室、水稻种质资源研究室、水稻种质创新与遗传改良重点实验室、核技术农业应用研究室、新品种中试示范研究室、水稻稻作技术研究室、稻米品质研究室、水稻科研基地等16个科室。

9.2.3.2 重点学科建设

开展以水稻资源为基础，加强水稻常规、两系、三系、超级稻育种的研究创新；开展以分子育种、基因工程等水稻品种设计为主导种质和基因聚合的生物技术创新研究；开展水稻耐贮存基因的转导和利用研究，选育耐贮存型水稻新品种（组合）；开展以抗病虫、抗逆性和优质功能性稻米为主的检验、检测创新技术研究；开展以优质、高产、多抗水稻新品种选育和特种专用稻育种的创新研究；开展以超级稻头季稻、再生稻生理生化为重点的高产栽培工程创新技术研究；开展高产、高效、低耗、持续、集约化水稻生产技术创新研究；开展种子产业化工程，加速成果的转化、应用与推广创新技术的研究；大规模开展分子标记和转基因水稻育种工作，增加产品和技术的后续储备，进一步提升水稻育种的技术水平；培育功能性品种作为一个新的目标；水稻栽培机械化与轻简栽培技术研究。

9.2.3.3 重点实验室和科技基础平台建设

发挥在"十二五"期间建立和形成的常规育种、两系、三系育种研究的水稻育种技术创新体系；分子育种、基因工程等主导的种质创新和良种改良的生物技术研究体系；抗病虫、抗逆性、耐贮存研究和优质、功能性稻米研究为主的检验检测技术研究体系；稻作生理生化为重点研究对象的栽培技术研究体系，开展创新技术和前沿学科的研究。主要加强国家级闽台农作物种质资源利用重点开放实验室、福建省杂交水稻育种工程技术研究中心、福州国家水稻改良分中心、福建省水稻育种材料种质资源库、福建省水稻材料分子育种重点实验室等重点实验室和科技基础平台建设。

建立起较为完善的水稻选育基地、抗病虫鉴定基地、新品种中试与示范试验基地。重点抓好福州市连坂150亩、海南100亩南繁育种基地的建设，以及沙县夏茂新品种选育基地，沙县西霞二系稻及转基因育种基地，将乐不育系种子繁育生产基地，建阳水稻新品种选育基地，龙海与永泰特种稻基地，尤溪超级稻与再生稻示范基地，武夷山、上杭抗稻瘟病鉴定基地以及邵武、宁德、沙县、永安、漳州、龙岩、南靖、寿宁等多点品种筛选试点的建设。

9.2.4 福建省农业科学院作物研究所

9.2.4.1 旱地粮油作物育种技术创新及新品种选育

开展玉米、花生、豆类、麦类等旱地粮油作物种质资源评价、鉴定，挖掘优异种质资源，通过表型鉴定与生物技术相结合，创制优异中间材料，开展优质甜玉米、糯玉米、甜加糯型玉米新品种选育，丰产、优质、抗逆、适机栽培花生新品种选育，高蛋白大豆和菜用大豆新品种选育，蚕豆、豌豆等食用豆新品种选育，苗粒兼用型大小麦新品种选育。开展旱作物品种营养品质研究和产品研发，开展节本增效技术、高山反季节生产技术等研究，建立标准化栽培技术体系，集成与熟化栽培技术，培育成果转化基地，解决福建省旱地粮油生产发展中的共性问题与关键技术，促进福建省粮油产业升级。

9.2.4.2 薯类育种技术创新及南方病害防控

开展甘薯、马铃薯等薯类作物种质创新、新品种选育、种苗繁育及南方薯类病虫害研究，建立以形态学特征和生物学特性为主、细胞生物学和分子生物学为辅的"三位一体"种质鉴定技术体系，种苗（薯）标准化繁育技术体系，薯类功能基因评价技术体系；健全叶菜用甘薯育种技术理论体系，完善冬作区马铃薯育种技术体系，开展南方冬作马铃薯育种研究；完善原原种繁育技术，建立种苗（薯）标准化繁育技术体系；开展转基因育种技术研究；研究环境因子对薯类生长调控作用，研究南方薯类病虫发生的总体情况及发展规律，制定防控技术规范。完善设施栽培调控技术体系，开展小型机械机械在薯类生产中的应用技术研究，推动我省薯类产业的发展。

9.2.4.3 特色蔬菜育种创新及标准化栽培

采用常规育种技术和现代生物技术相结合，开展苦瓜、丝瓜、瓠瓜、南瓜、黄瓜等葫芦科，番茄、茄子、辣（甜）椒等茄科，花椰菜、小白菜等十字花科等特色蔬菜种质资源评价、鉴定，挖掘优异种质资源，创制优异育种材料，开发蔬菜抗病基因、雄性不育基因分子标记，构建茄子、花椰菜等分子标记遗传图谱。选育优质、高产、抗病、专用型优良新组合或新品系。开展草莓、南瓜、丝瓜、花椰菜等蔬菜组织快繁和种质资源离体保存研究，建立种质资源圃和种质资源保存库。开展蔬菜设施栽培、无土栽培、集约化育苗、病虫害绿色防控等技术研究，建立标准化栽培技术体系，为我省蔬菜产业可持续发展提供技术支撑。

9.2.4.4 特色花卉育种创新与现代栽培技术研发

开展兰花（文心兰、杂交兰、建兰、兜兰、石斛兰、虾脊兰、中小型蝴蝶兰等）等现代盆栽、鲜切花（鹤望兰、观赏向日葵、玫瑰、非洲菊等）、球根花卉（小苍兰、球根鸢尾、百合等）及观花、彩叶观赏木本植物等特色花卉种质资源创新利用、新品种（系）选育、种苗繁育、现代设施栽培技术等研发与集成。建立常规育种和现代生物技术相结合的育种技术体系；开展优异种质资源离体保存技术研究；综合运用细胞学、胞粉学、生理学及分子标记等技术，构建种质遗传图谱，筛选出优异的亲本种质；开展花色、花型及花香等重要特异性状基因克隆，新品种配套种苗（子、球）繁育与种业工程、优质高效栽培等技术研发，制订种苗（子、球）繁育技术规程或地方标准。开展现代切花与盆栽花卉设施栽培、创意栽培技术研究，切花、盆花及庭院景观种植技术研究，观花、彩叶树种等绿化景观种植技术研究；促进我省花卉产业升级。

9.2.5 福建省农业科学院农业工程技术研究所

9.2.5.1 功能食品资源利用与食用菌加工

农产品功能性资源挖掘与开发：分析农产品及其副产物中活性功能成分，构建农产品中功能性资源数据库；开展功能食品的制作与配伍技术研究。

生物活性物质高效制备与功能营养食品加工技术研究：利用超微粉碎、超声波、闪式提取、膜分离、冷冻干燥等高新技术，研究多糖、多酚、多肽、三萜、黄酮等功能因子的提取分离技术，建立多因素的传质模型，形成规模化制备的高效低成本提取技术工艺，并研究功能性活性的串联纯化技术，建立高纯度功能因子的集成性制备技术及活性保持和稳定技术。以利用特色农产品微营养特殊成分为主，研发具有调节免疫、抗氧化等功能的第三代功能产品。

功能因子作用基础、功效评价与作用机理研究：研究功能因子、食品组分间拮抗、增效机制；通过化学体系、动物试验（细胞/动物体内）研究生物活性成分的生理生化功能与功效，阐述其作用机理；研究功能因子构效、量效关系及活性保持控制理论与技术体系。

特色农产品贮藏加工品质变化机制与控制：研究特色果蔬贮藏过程中生理代谢变化及营养损耗机制；研究果蔬加工过程中褐变抑制分子机理及风味物质呈味机理、质地劣变控制机理。

加工化学危害物控制与质量控制体系研究：开展农产品工过程中化学危害物形成、迁移与预防控制研究；危害物在贮藏、加工过程中的变化规律和转移机理研究；食品标准化加工技术体系及质量控制体系研究。

农产品副产物品质提升与利用研究：针对食用菌、果蔬等农产品贮运加工过程中产生的菇柄、预煮液、等外品、下脚料等副产物，开展副产物加工特性与制品品质相关性研究，研究农产品加工副产物功效成分结构与保健特性及其分子机理，开展农产品副产物有效成分回收利用与食品加工再利用技术研究。

9.2.5.2 农产品保鲜加工与食品发酵

优良红曲黄酒酿造菌株选育：收集福建红曲黄酒加工相关的酵母菌、霉菌以及乳酸菌，选育高液化和糖能力、能代谢产生功能性活性物质的优良红曲发酵剂和低产高级醇和尿素、耐受高温、高酒化能力黄酒专用酵母。红曲黄酒加工关键技术：研发福建红曲黄酒不锈钢大罐仿缸陈酿技术。研究温和型黄酒的强化发酵和活性氧及膜过滤等冷除菌工艺和寒热改性发酵技术。研究红曲黄酒酿造及陈酿过程产品色调及色价影响与调控技术。创制温和型红曲黄酒新产品。

红曲黄酒加工副产物综合利用技术：研究酒糟等副产物的综合利用技术，开发黄酒白兰地、调味品、色曲、多肽等新产品。

红曲黄酒加工基础研究：采用高通量测序 Illumina Miseq 方法，解析区域酿造红曲的菌相组成，研究其与红曲米液化力、糖化力、发酵力和产酸水平等发酵特性的关系，分析其关联优势曲霉、酵母菌及乳酸菌等菌群和关键菌。

福建红曲（色曲）研究：红曲霉种质资源收集保护；红曲色素组分修饰改造；红曲特征功能成分代谢机理研究及功能红曲产品研发；特征毒素的代谢机理研究及发酵过程的调控研究；红曲工程菌构建基础研究。

福建特色果蔬制品加工关键技术研究与应用：建立闽台特色果蔬生物酿造的专业菌种库。采用新技术、新工艺、新设备，开发果蔬发酵果汁、果酒、果醋等新产品。开展乳酸发酵竹笋、清水笋罐头等笋制品现代加工关键技术研究与应用。果蔬副产物功能性成分及新产品开发研究；

粮食及其加工副产物综合利用技术研究与创新产品开发：开发防α-化淀粉重结晶，迅速固定α-化淀粉结构及防老化剂等抗回生技术及产品；开发米蛋白、米淀粉等系列精深加工产品；基于微生物发酵、复合酶解、物理化学修饰改性等食品加工技术，以稻米、大豆等大宗粮食产品及其加工副产物为原料，开发高附加值创新产品；

福建特色水产品加工关键技术研发：以鲍鱼、牡蛎、海带、紫菜等福建特色水产品为原料，研究水产品罐头、干腌制品以及传统风味制品加工工艺。研发蛋白质抗冷冻变性剂，开发水产品超低温速冻、玻璃态贮藏等高品质绿色冻藏技术；研发贝类净化、保鲜与保活技术，提升水产品质量安全水平；用牡蛎汁等水产加工下脚料开发调味品，制备多糖、多肽等功效因子。

9.2.5.3 台湾果树资源研究与创新利用

植物资源的创新利用：将台湾优质柑橘种质资源进行创新利用，通过花粉直感作用对福建主栽柑橘品种进行产期调节及品质提升。对闽台优质水果及茶叶中活性物质的检测与利用，例如柑桔黄酮、火龙果花多糖、葡萄白藜芦醇和茶多酚等，研究其纯化及制备工艺，构效特性，作用机理及在加工上的应用。利用现代生物技术手段，通过细胞组织培养，定向提升其细胞内活性物质，如花青素和白藜芦醇的含量，为相关保健食品的研发提供优质原料。

抗性淀粉的研究与应用：优化甘薯、莲子、魔芋等福建省特色淀粉作物的抗性淀粉制备工艺，开展抗性淀粉的理化性质与其降血糖等保健功效关系的研究，进行高抗性淀粉的保健食品的制备。

功能性果蔬品种选育及其组织培养快速繁殖：筛选功能性果蔬品种，并对其功能性成分进行分析评价。开展功能性果蔬品种种苗繁育、共性（通用）高新技术集成、创新研究与示范推广。建立园艺植物（果蔬）组织培养快繁技术体系。

9.2.5.4 沼气工程技术与畜禽粪污资源化利用

规模化畜禽养殖场粪便资源化安全利用技术：针对目前大型养猪场倾向采用水泡粪清洁模式的发展趋势，及水泡清洁管理粪污特点，研制高效除渣固液分离机。开展粪污减排清洁模式研究、规模化养猪场粪污可持续循环利用技术研究、区域畜禽养殖污染控制技术研究、大中型畜牧场污染物快速减量化研究、利用固液分离前处理设施实现污染物减量化研究、厌氧发酵技术的改进和沼气发电技术研究、土壤对沼液污染物净化能力的研究、不同作物消纳沼液的生态承载力研究、猪粪渣栽培食用菌技术研究与安全评价。

畜禽粪污沼气工程处理技术研究：高效沼气工程及其配套设施和技术的集成创新研究、沼气微生物研究方法创新、微生物菌肥研究及推广应用、福建特色农业废弃物沼气潜力研究、农村能源转化技术研究。开展智能化大型沼气池远程控制及高效产气调控技术研究、纤维素分解菌研究、畜禽粪污沼气工艺技术及其配套综合应用技术研究。

厌氧消化系统应用基础技术研究：针对农业废弃物生物质能转化产甲烷效率低、生物质能的利用潜力得不到充分发挥而被浪费的技术共性瓶颈，通过加强厌氧发酵产沼机理的分析与实验测定，开展厌氧产沼的关键性环境影响因素及其关系等关键性技术研究，为改善厌氧环境条件、厌氧反应器结构设计、工艺选择以厌氧消化工程建设提供技术依据，提高应用于畜禽养殖污染物治理的厌氧消化系统工程的经济效益和社会效益，提高沼气工程技术应用的实用性和经济性，进一步提升和拓展沼气技术应用领域和应用范围，使沼气的技术应用成为能源战略中的重要对策。

农业生物质能源、农业可再生能源高值化利用技术研究与开发：争对可再生能源的战略需求和能源微生物学，以增强我省厌氧微生物学的科技创新能力为目标，开展农业废弃物资源高值化利用的基础性和关键性技术研究、高浓度有机废水厌氧处理工程技术和集成技术研究，同时开展农业工程应用技术与生物质能技术的工艺化、模式优化等工程化技术研究，提升实用技术的应用与产业化水平，解决农业废弃物资源高值化利用与环境生态问题，从而为能源安全、农业生态环境保护的协调发展提供技术支撑。

9.2.5.5 新农村景观规划设计与特色园林植物资源研究

特色园林植物方向：选择具有研究基础的优势植物——山茶花开展品种收集引进、整理、驯化、快繁、辐射诱变探索、规格化容器苗与微型盆栽苗速生标准栽培管理模式研究。选择园林应用广泛但市场保有量较少的小众园林植物如洋桔梗、水生植物类或者观赏竹类进行引种、驯化、扩繁技术研究。

农业景观生态方向：福建观光休闲农业景点的农村及农业景观生态环境演化研究。主要包括农村及农业景观生态环境评价体系建立与分析；通过照片、遥感地图等资料研究景观生态因子的变化趋势及其与人工开发的相关性；观光旅游村落保护性开发的绿色廊道规划设计理论与应用研究。福建观光休闲农业规划的园林风格与特色游赏项目设置，园林风格、游赏项目设置与地方文化及农业特色有效结合的理论及应用研究。

工程实用材料方向：对屋顶绿化复合轻便防水层和组合式轻便花圃围栏的材料、成品样式进行研究，寻找合适的制作工厂进行产品试制。

9.2.6 福建省农业科学院土壤肥料研究所

9.2.6.1 土壤（资源）与环境评价及合理利用

以提高土壤肥力质量、环境质量与健康质量为目标，研究农地水肥调控和优化管理的生态学技术途径。研究农田生态系统生物地球化学循环的过程机理；研究农田生态系统对全球气候变化的响应，为农地温室气体减排增汇管理提供依据；探讨人为因素（耕作模式、施肥管理、农用化学品投入等）对土壤碳氮循环过程的影响。针对福建省人多地少、中低产田占 2/3 和部分土壤污染严重的现状，提出中低产田改良和优化管理的生态学新技术；研究中低产田土壤结构破坏、保肥力差、保水抗旱能力降低问题，提出可操作的技术解决方案。研究红壤生态脆弱地区，土壤退化格局、过程、制约因素和恢复重建的生态学机理，为退化土壤治理的关键技术、集成技术模式提供支撑。针对高度集约化农田生产过程中普遍存在的氮磷流失污染问题，重点开展养分投入过程优化控制技术与氮磷流失过程的综合阻控技术研究，阐明施肥方式对生态环境及土壤质量的影响机制。运用地理信息系统等先进技术方法，开展作物适生地及绿色食品产地环境调查与评价，针对可能造成农产品污染及降低品质的产地环境进行修复，形成农产品安全生产标准化技术模式。建立土壤资源信息系统，实现土壤资源数字化管理，为我国土壤资源管理提供决策支持。研究不同耕作制对土壤的演变规律，解决复种指数高连作障碍等问题。

重点研究和解决的科技问题：土壤碳、氮、磷物质循环过程与土壤质量演变；作物高产与气候、土壤生态因子匹配与调控；基于 3S 技术的土壤资源管理；高标准农田与土地整理及复垦开发；中低产田改良与培肥技术；水土流失区地力恢复与保育技术；红黄壤区土壤退化茶果园生态恢复治理；设施农业土壤酸化、连作障碍治理；作物高产与养分高效协同下的土壤质量与环境效应；绿肥（紫云英等）种质资源与综合利用。

9.2.6.2 植物营养与养分高效利用

针对当前福建省农业生产中施肥结构不合理，氮磷肥普遍施用过量，造成肥料利用效率低、增产潜力未能充分发挥和化肥面源污染严重的现状，以高产、优质、高效、生态、安全为总目标，以提高肥料资源利用效率为突破口，研究养分资源高效利用原理、技术及其影响因素，研究揭示植物对养分胁迫的感受机制、对养分逆境的响应及长期适应性的调节机制；跟踪研究控缓释肥等新型肥料及灌溉施肥等新技术；针对我国测土配方施肥过程中存在的问题，以土壤养分测试、植物营养诊断、农田施肥和评价指标体系和数据标准化为重点，逐步建立和完善适合我省不同作物高效施肥技术体系。针对作物环境胁迫致害，从植物营养角度明确技术因素对限制性资源因素的补偿作用。开展区域镁、硼等中、微量元素对作物的影响与调控技术。

重点研究和解决的科技问题：作物养分资源高效利用机理研究；土壤肥力和作物施肥原理及其模拟模型；设施农业水肥资源高效利用原理与调控技术；优质特色农作物水肥资源高效利用技术；大田作物氮磷钾施肥技术规程和推荐施肥软件研发；茶果园养分高效利用及其种植模式研究；茶树营养调控措施及茶园生态环境安全研究；作物环境胁迫（干旱、渍害、冻害、酸化等）与生理调控；作物中微量营养元素的丰缺指标体系和施用技术。

9.2.6.3 农业资源利用与农产品品质安全

以农村生活环境保护和农产品品质安全为目标，重点突破农牧菌废弃物资源化利用技术，促进农业废弃物资源减量化与无害化。建立废弃物资源监测、控制与循环利用技术体系，有效支撑福建省资源安全与生态安全，促进农业可持续发展；开展农作物产地环境调查与评价，转变"终端控制"为"源头控制"和"过程控制"，针对可能造成农产品重金属等污染的土壤环境进行修复与源头控制，形成农产品安全生产规范化技术模式。充分利用福建省部分富硒土壤资源，加强富硒土壤调控、相关施肥及作物栽培技术研究，生产出真正富硒且安全的农产品，以提高和保障消费者健康安全、增强农产品国内外市场竞争力。

重点研究和解决的科技问题：农牧菌废弃物资源化循环利用技术；农业产地环境评价及其安全农产品生产过程控制技术；无公害农产品（绿色或有机）生产技术集成与示范；功能性（富硒等）作物安全生产技术；工业有机废弃物（麸酸废水、城市污泥等）无害化、资源化利用技术；土壤重金属污染特征及源头控制、过程阻控与治理修复技术；农业面源污染物源头控制、评估预警及过程优化控制技术；小流域综合治理与示范。

9.2.6.4 农业应用微生物开发利用

开展农业有益微生物资源收集、评价与利用研究。利用有益菌研发高温微生物发酵菌剂，功能微生物制剂、酶制剂和生物有机肥料产品等关键技术；研究有益微生物在有机副产物、生物循环过程和土壤中的作用机制。采用分子生物学的等方法揭示微生物在土壤肥力演变过程的驱动作用，研究微生物在农田环境生态系统中的修复和利用。研究微生物活性物质发酵提取方法和天然产物有效成份的分离提取新技术，开发高附加值的新产品及其产业化途径。重点突破农业副产物资源利用，研发出新的产品。

重点研究和解决的科技问题：农业微生物生物制剂（发酵菌、固氮菌、嗜热菌等）和功能性酶制剂研发与应用；农副产物生物源循环利用及生物有机肥料开发；天然先导产物分离与高附加值的新产品研发；土壤养分运营、质量演变与微生物多样性、代谢组学和蛋白组学的效应；环境微生物生物技术与嗜热菌微生物进化及其分子机制研究。

9.2.6.5 新型肥料研发与配套技术

针对当前农村发展的新趋向（农村劳动力快速转移、农民收入大幅度提高、农产品数量稳步增长、农产品质量要求不断提高、种田大户不断涌现、外部资本开始注重农业和农产品等）、当前肥料发展的新特点（农民更加重视肥料质量，农民对肥料的功能要求向多元化方向发展，农业生产方式转变对肥料的品种配置向个性化方向发展，特别是旱作农业、规模化种植和水肥一体化技术的发展对长效肥、水溶肥、水产肥提出新要求，等），以及福建省耕地质量总体不高和土壤障碍因素多的特点，以提高肥料利用率，减少肥料淋失为目的，研发新型肥料和配套施肥技术，同时探讨新型肥料施用对环境的影响。福建省作为海洋渔业大省，以构建生态水质为目标，开发优质高效贝壳类、鱼虾类等水产养殖专用肥料。

重点研究和解决的科技问题：新型肥料（复混肥、水溶肥、缓释肥、水产肥等）研发及配套施肥技术；功能性肥料（助剂）研发及配套施肥技术；土壤改良剂与营养基质研发及配套施肥技术；新型肥料施用与环境效应。

9.2.6.6 农业机械化、设施化、轻简化生产技术研究与应用

创新智能化、机械化、精准化作业技术与装备，节本增效型农业加工装备和资源高效利用工程装备技术，有效提高农业劳动生产率，大幅度增加农民收入。以提高作物品质和水分利用效率为核心，加大设施农业关键技术和配套产品研发力度，开发相应的设施农业机械智能管理软件平台。研究同步定量灌溉与精量施肥的关键设备开发，开发育苗、水培等设施农业智能化灌溉系统。研发使用方便、防堵性好的水肥一体化设施设备。通过灌溉与施肥有机结合，着力推进水肥一体化技术本土化、轻型化和产业化，形成本区域主要作物水肥一体化技术规程。研发与土肥相关的农业机械设备与系统，促进农机农艺融合。

重点研究和解决的科技问题：水肥一体化设施设备与配套技术研究；高效施肥及耕作机械与配套技术研究；绿肥种质收种机械与配套技术研究；新型肥料工程化实验室相关设备、装置研发与生产参数。

9.2.7 福建省农业科学院农业生态研究所

9.2.7.1 生态农业技术与集成示范

瞄准国际生态农业高新技术前沿，开展绿色农业生产、农业面源污染防治、农村废弃物资源综合利用等低碳、绿色、循环和气候智慧型生态农业技术研究，集成形成基于种养结合、农牧结合等复合生产模式，在典型地区建立示范基地并开展技术集成与示范，提高农业资源利用效率和农业应对气候变化的能力。

9.2.7.2 农业生态过程与调控技术

主要研究农业生态系统碳、氮等养分循环过程、山地红壤地力形成演变规律及其主控因素。研究山地生态系统碳氮循环与温室气体的排放，研究山地生态系统碳氮交换过程，温室气体减排技术与措施及其固碳潜力。加强农业污染物迁移转化与综合调控研究，开展不同退化生态类型区恢复治理技术研究，构建不同类型区水土流失治理综合配套技术体系。

9.2.7.3 现代农业装备与信息化技术

结合美丽村镇创建，开展空间规划、村庄规划、园区规划等规划设计和评价研究，推动典型模式、范例建设，开展应用技术集成与推广。加强新型牧草种子收获、清选、加工设备，牧草、饲料加工和新型产品产地处理技术装备的研发，推进机械、信息及自动化控制技术在农业中的应用。

9.2.7.4 红萍资源保存与挖掘利用

提升国家红萍资源圃的建设水平，制定红萍种质资源保存和鉴定描述技术规范，研究红萍种质资源精准鉴定和种质创新技术体系。重点开展红萍资源挖掘利用技术，开展红萍在高效立体种养、农村污水净化、稻田温室气体减排、功能性产品开发等方面的关键技术与产品的研发。

9.2.7.5 牧草种质资源与创新利用

加强优良野生牧草种质资源收集、发掘、利用技术研究；选育抗旱、耐寒、耐瘠、高产优质的热带牧草新品种（系），建立完善牧草良种繁育体系。提高牧草良种生产能力、供种能力及质量水平。研究牧草资源开发、标准化评价、高效生产与加工等关键技术，饲料青贮技术。重点开展新型饲料资源开发与高效利用技术、功能型饲料生产关键技术研究与质量保障技术等。

9.2.7.6 中草药资源与产品创制

重点开展中草药资源产业化利用技术，建立企业联合创新中心，研制优质中草药栽培、加工与质量控制的技术标准。研究中草药有效成分的提取与分析和保健产品的成型工艺研究。

9.2.8 福建省农业科学院食用菌研究所

9.2.8.1 食用菌工厂化专用品种选育

发掘与双孢蘑菇重要农艺性状（菇盖颜色、单孢结实性、褐变或耐热或降解基质等）相关 SCAR 标记 3~5 个，建立 SCAR 标记辅助杂交育种技术体系。通过野生种质创新获得生长速率高、抗逆性强等性状的创新种质 8~10 份，应用于新品种选育。通过诱变等手段获得绣球菌特异创新种质 5~8 份。选育出工厂化专用新品种 2~4 个，重点缩短工厂化专用品种的生长周期、提高鲜菇产量和质量。其中双孢蘑菇新品种比主栽品种 As2796 提高产量 15% 以上，缩短生产周期 5~10 天（30~35 天）。绣球菌新品种比原有品种提高产量 5% 以上，缩短生产周期 10 天（110 天）。

9.2.8.2 食用菌液体原种工厂化制种工艺研究及其栽培种生产线研制应用

建立食用菌液体菌种工厂化制备设施 1 套。制定双孢蘑菇、绣球菌液体菌种制备技术规程和质量标准各 1 项。与对照相比，双孢蘑菇菌种培养周期缩短 2~3 天，绣球菌菌包培养周期缩短 5~10 天。研发出双孢蘑菇和绣球菌工厂化制种新工艺及其机械化生产线（"V"形旋转器制种设施），日产 1.5 吨，扩接萌发率 100%，成品率 98%，工艺规程、质量标准 2 项。

9.2.8.3 双孢蘑菇工厂化栽培技术研究

完善一次发酵隧道、二次发酵隧道各 1 条，研制培养料制备精确控制工艺各 1 项。提出双孢蘑菇工厂化栽培工艺技术规程 1 项。建立示范生产基地 1~2 个，日产鲜菇 3~5 吨。年栽培周期达到 4~6 期。与常规农业生产相比，单位投料量增加 50%，平均单产增加 40% 以上。

9.2.8.4 绣球菌工厂化栽培技术研究

筛选出 1~2 种工厂化栽培新原料，研发出 1~2 种新原料栽培配方。栽培周期控制在 110 天以内，生物学效率 50% 以上，商品率 95% 以上。制定绣球菌工厂栽培技术规程 1 项。建立示范生产基地 1~2 个，日产鲜菇 2~5 吨。年栽培周期 7~9 期。平均单产增加 5% 以上。

9.2.8.5 双孢蘑菇相关食品、保健品开发

研发出双孢蘑菇预煮液提取多糖工艺规程 1 套；子实体制备蛋白活性肽工艺规程 1 套。研发双孢蘑菇多糖粉剂产品 1 个，双孢蘑菇蛋白活性肽粉剂产品 1 个；多糖产品糖含量≥60%，蛋白活性肽相对于蘑菇粗蛋白得率≥25%，产品肽含量≥75%。

9.2.8.6 绣球菌多糖提取及检测技术研究

建立 1 套绣球菌多糖超声波循环优化提取技术，提取物中多糖含量达 40%~45%，接近或超过目前报道的最高含量（43.4%）。研制 1 种绣球菌重要活性成分 β-（1-3）-D-葡聚糖的鲎 G 因子检测试剂盒，确定 β-（1-3）-D-葡聚糖含量测定的具体方法。

9.2.9 福建省农业科学院果树研究所

9.2.9.1 果树资源保存、创新与利用

特异龙眼枇杷种质资源的深度发掘与创新利用：在国家果树种质福州龙眼枇杷圃丰富的种质基础上，重点开展特异种质资源的发掘、创制及创新利用研究，筛选挖掘抗逆性强、矮化型、品质特优、高功效等特异基因型，开展功能基因发掘、生物活性物质代谢途径、品质形成与调控的研究，实现种质资源可持续利用。

特色果树种质资源收集、保存：围绕特色果树产业"提高质量，保障价格"的发展重点，继续扩大李、柰、梨、葡萄、橄榄、杨梅等特色果树种质资源收集范围，包括野生、近缘种，扩大收集闽台特色果树种质资源，建立李、柰、梨、杨梅等省级种质资源圃。保护福建省果树遗传资源的知识产权，建立各个树种的种质资源库，通过完善野生、栽培等品种的收集，构建部分树种的核心种质，保护福建省果树的遗传多样性，为重要新基因发掘服务，使福建省果树资源优势转化为果树产业优势，逐步健全福建省特色果树的研发支撑体系，增强育种后劲，构建福建省果树研发支撑体系，促进果业产业结构调整升级。探索特色果树种质资源形态学、孢粉学、分子生物学等鉴定技术，同时开展核心种质的构

建,为种质资源的有效利用提供依据。

主要果树种质资源快速筛选鉴别体系研究:建立主要果树的适宜分子标记体系,应用分子标记技术,对收集的果树种质资源进行分子分类及评估,以此确定各主要果树树种的资源快速筛选鉴别体系,提高资源收集、保存及利用效率。开展高功效成分育种、抗性育种和杂种后代的快速鉴定,加快育种的进程。

9.2.9.2 果树新品种选育

常规育种:常规育种技术是现代作物育种的基础。继续开展杂交育种和诱变育种,加强组织培养技术、染色体操作技术和单倍体诱导技术在果树育种的应用,提高果树品种选育技术;深入探索果树种质资源各种农艺性状的遗传规律,努力创造新种质。

育种技术创新:结合常规育种方法,应用现代生物技术手段,开展果树重要农艺性状的基因图位克隆、遗传转化和分子标记辅助选择育种,提高亲本选配准确性,快速筛选杂交后代,实现对原有优良品种定向改良,缩短育种周期。

9.2.9.3 栽培关键技术研究

主栽品种提质减耗关键技术研究:针对各主栽品种的产业现状与生产需求,深化树体管理、花果管理、土肥水管理、病虫害防治、机械化应用等产业关键技术研究,研究提出精简高效的管理措施,降低生产成本与生产强度,提高品质和种植效益。

新品种产业化配套技术研究:深入研究新品种的生长发育规律和栽培特性,开展水肥一体化平衡精准施肥、机械化耕作栽培、幼龄速生丰产、提质增效栽培、产期调节、果园生草覆盖栽培、果草牧菌沼循环利用、病虫高产安全防控等配套技术研究。

标准化技术研究与示范:开展品种、苗木、栽培技术、采后处理和果品标准化技术研究,制定优质、高效、绿色食品等相关生产规程、标准。

果品安全生产技术:建立福建省重要亚热带果树安全检测监控体系。对农业环境污染源进行监控,建立安全生产产地环境调控技术体系;建立农业投入品检测监控体系,重点开发特色果树农药残留、生长调节剂的检测监控技术,实现从"农田到餐桌"全过程管理;开展有害物质风险评估,重点针对闽台农业交流建立有害生物风险分析及预警机制研究,有效提高福建省果品质量安全水平;加强福建果树防灾减灾体系研究,提高特色果品生产安全系数,提升福建特色果树生产技术水平。

9.2.9.4 果树采后保鲜与贮藏研究

加大对果实生物活性物质的采后调控、高效提取、分离纯化、功能评价与利用、果树种质资源的综合利用等研究力度，加强果实采后生理、贮藏与物流保鲜技术及果品采后质量安全与标准体系等方面研究，全面提高果实贮藏保鲜产业的科学技术水平，实现产业升级。

9.2.9.5 过剩果业研究

近年"过剩果业"（结构性过剩与滞销的果树产品）问题突出，严重影响果农增收与种果积极性。在"少而精、多样化"原则指导下，针对福建果树区域及区位优势，开展福建省果树区域化优势产业带区划，提高优质品种比例，优化调整熟期结构，加快品种更新换代；加强产业发展缺失技术方案的研究，为解决过剩果业进行技术储备；引导新型商业盈利模式（农民合作组织），提质增效；强化果品市场开拓与品牌建设，促进流通，提供现实过剩果业解决方案和建议预案，提高果农整体收益。

9.2.10 福建省农业科学院亚热带农业研究所

9.2.10.1 原生蔬菜（黄秋葵、山苦瓜、菜用枸杞等）

原生蔬菜资源的收集和品种鉴评研究：引进、收集和保存国内外原生蔬菜种质资源，并对其农艺性状（植物学特征、生物学特性、进行观察和记载，并对产量、品质、抗性等）进行鉴定与评价。

原生蔬菜品种选育研究：开展黄秋葵、山苦瓜杂交育种研究，并结合 SSR 和 SNP 分子标记技术的开发和利用，选育具有自主知识产权的新品种（新组合或新材料）。

原生蔬菜安全高效的栽培技术研究：主要开展水肥管理、病虫害无公害综合防控等技术研究；创建安全优质栽培技术体系。

9.2.10.2 亚热带特色果树（香蕉、菠萝、火龙果等）

种质资源的收集和品种鉴评研究：引进、收集和保存国内外亚热带特色果树（香蕉、菠萝、火龙果等）种质资源，对其农艺性状（植物学特征、生物学特性、进行观察和记载，并对产量、品质、抗性等）进行鉴定与评价，建立档案资料，以直接用于生产，或作为培育新品种的材料。

品种选育研究：进一步开展种质资源创新研究，对具有食味佳、药食价值高、产量高、需求量大、经济效益显著或具地方特色的原生蔬菜，进行人工繁殖和引种驯化研究；

关键技术研究与应用：主要开展水肥管理、产期调节、病虫害无公害综合防控等技术研究；创建安全优质栽培技术体系。

9.2.10.3 药用植物（铁皮石斛、金线莲、罗汉果等）

组培快繁技术研究：主要开展铁皮石斛、金线莲、罗汉果等药用植物进行工厂化育苗研究，建立组培快繁衍技术体系。

设施栽培研究：主要开展设施栽培中温度、光照、湿度、气调等环境调控条件和水肥管理措施等研究，为铁皮石斛、金线莲等生长发育提供良好的环境条件，保证良好的产量和品质。

功能成份提取与加工研究：对药用保健功能的成份进行提取与分离技术研究，优化生产工艺。

植物生理生化及分子生物技术等研究：选择若干功能成份进行生理生化和分子生物学方面的研究，从生理和分子水平研究保健功能机理。

9.2.10.4 芳香植物（香茅、水仙花、薄荷、天竺葵、木豆等）

芳香植物种质资源引进、筛选和保育：主要开展种质资源收集，建立种质资源圃，对其进行鉴定与评价，筛选适宜漳州地区种植的优质品种（系）。

开展新品种选育和驯化栽培技术研：对药用保健功能佳、具开发价值的芳香植物，进行人工繁殖、育种和驯化栽培技术研究以满足生产需求。

优化精油提取与分离工艺研究：选择若干种有较大开发利用价值的芳香植物开展精油提取与分离技术研究，优化生产工艺，降低生产成本，提高生产效率。

植物生理生化及分子生物技术研究：选择若干功能成份进行生理生化和分子生物学方面的研究，从生理和分子水平研究保健功能机理。

芳香植物产品开发利用：与相关生产企业合作，共同开展芳香植物药用保健产品研发和推广，将芳香植物产业做大做强，互惠互利，合作双赢。

9.2.10.5 蔗麻（糖蔗、果蔗、黄红麻等）

新品种选育与配套栽培技术研究：开展优质、高产、多抗、适应性强糖蔗、果蔗、黄红麻新品种的选育及其配套栽培技术研究。

种质资源创新利用：植物优异种质资源抗虫、抗逆、优质、高产等主要性状基因、关键功能基因源及其遗传效应评价；优异种质资源的改良与创新利用研究。

综合利用研究：果蔗保鲜加工、能源作物综合利用研究；红麻骨栽培食用菌、蔬菜专用型黄麻、饲料专用型苎麻的研究。

9.2.11 福建省农业科学院畜牧兽医研究所

9.2.11.1 畜牧重点学科

草食动物品种及优良牧草繁育学科：重点开展草食动物地方品种（如福清山羊、戴云山羊、闽东山羊、福建黄兔、福建白兔、闽西南黑兔等）的保种与选（繁）育研究，完成保种场核心群和专门化品系建立，以及相配套的舍饲圈养高效健康养殖技术研究；同时开展牧草新品种培育和高效栽培技术、秸秆压块饲料高效利用、牧草营养等质量评价体系的研究。

水禽育种与饲养技术学科：重点开展福建省特色水禽（如半番鸭、黑番鸭、山麻鸭、连城白鸭、金定鸭、闽北白鹅、长乐灰鹅和诏安灰鹅等）遗传育种、繁殖、饲养技术及营养、良种繁育体系建设等研究，通过杂交、横交、回交、测交等等经典育种技术，辅助分子标记技术，充分挖掘各品种的生产潜能，为市场提供优质的水禽产品。

畜禽生态饲料与营养调控学科：主要研究畜禽生态营养与规模化养殖污物减量化技术（减量化、无害化、资源化）、地方畜禽品种营养需要与肉质调控技术、高效植酸酶和非淀粉多糖酶等酶学应用技术、免疫营养调控技术和免疫应激畜禽的营养需要等技术。

生态环保养猪模式研究：主要开展微生物发酵床养殖模式下技术集成研究。

9.2.11.2 兽医重点学科

鸭病防控学科：主要围绕水禽新发或重要疫病病原学、诊断学、疫苗学和综合防控技术等方面。重点开展水禽新发疫病灭活疫苗（或多联活疫苗）和新型免疫制剂研发与新兽药证书的申报，水禽重要疫病快速诊断（胶乳、荧光、胶体金等）试剂盒研发与新兽药证书的申报，番鸭主要病毒病（MPV、GPV、MDRV、NDRV）致病机理与免疫机理研究，在 P3 实验室启动前提下，开展水禽流感相关研究。

鸡病防控学科：结合省鸡产业体系建设，重点开展肉种鸡、蛋种鸡垂直传播性疫病流行病学、病原学、诊断学和综合防控体系研究。

猪病防控学科：结合省生猪产业体系和标准化体系建设，重点开展猪重要传染病（如 PRRS、PCV2、PRV、SIV、HPS、SS2）的流行病学调查、免疫学、诊断学、蛋白质组学和猪细菌性疾病多价疫苗等方面的研究，同时开展猪群抗病育种、疫病防控及生态养殖模式等研究。以了解福建省猪群疫病的流行特点、病原致病机理，为更好诊断与防控猪群疫病提供有利支撑。

草食动物病研究：主要围绕羊牛病分子流行病学和病原学、快速诊断技术（试剂盒）、新型疫苗学、致病机理和免疫机理等方面。开展重要山羊支原体性肺炎流行病学和快速检测技术研究，羊口疮流行病学和防治技术研究。

寄生虫病研究： 主要围绕规模化畜禽场重要或新发寄生虫病病原生物学、诊断和防控技术等方面，重点开展福建省畜禽寄生虫病流行现状和流行病学调查，完善和规范福建省畜禽寄生虫病的检测技术和方法，新发寄生虫虫种生物学鉴定和资源库建立，重要寄生虫病高效低毒低残留药物筛选和防治研究，建立和完善福建省畜禽寄生虫病监测和预警平台。

9.2.12 福建省农业科学院农业生物资源研究所

9.2.12.1 农业微生物研究

以芽胞杆菌为核心进行农业微生物资源收集、保存和应用工作，研究主要方向分为：芽胞杆菌资源分析、芽胞杆菌物质分析、芽胞杆菌益生菌研究、芽胞杆菌酶学与发酵床研究、芽胞杆菌发酵工艺学、植物疫苗研究等。整体发展上，组建一个和谐的微生物学研究团队，搭建一个共享的微生物学研究平台，开拓一条基础和应用相结合的道路，开展一批高水平的微生物领域的研究，研发一批技术含量高的微生物应用产品，解决一些农业生产难题，贡献一份服务海西的力量。2014—2019年重点发展的优势研究领域包括：

芽胞杆菌的基因组学研究： 芽胞杆菌具有极其丰富的科属种的多样性，有非常广泛的应用领域，因此，芽胞杆菌具有重要的研究和应用价值，同时，芽胞杆菌的分类学也是重要的基础性研究工作。本研究方向拟对150种芽胞杆菌进行基因组测序和注释，结合GenBank中已发表的所有芽胞杆菌的基因组信息，将首次构建基于核心基因组组分的芽胞杆菌超级系统发育树。根据系统发育的分析结果，探索芽胞杆菌的进化起源等重大科学问题，并尝试对芽胞杆菌属及其近缘属进行再分类研究。鉴于庞大芽胞杆菌基因组信息和芽胞杆菌的科属种的多样性，尝试建立具有统计学意义的区分科、属、种的芽胞杆菌分类的平均氨基酸一致性（AAI）、平均核苷酸一致性（ANI）、数字化DDH（eDDH）及保守蛋白质的百分比（POCP）等基于全基因组序列的阈值标准。从而尝试确立适用于芽胞杆菌划分科属的基于基因组序列的分类新标准。预期完成150种芽胞杆菌的基因组精细图。

芽胞杆菌物质库构建及功能物质分析： 包括4个研究方面。

——芽胞杆菌功能菌株活性物质的分离与鉴定。基于前期筛选出的具有产酶、抑菌、抗癌等生物活性的芽胞杆菌，利用现代色谱、质谱、光谱、核磁等技术分离与鉴定芽胞杆菌活性物质，为芽胞杆菌功能菌株的开发和利用提供理论支撑。

——芽胞杆菌物质库平台的构建。通过GC-MS和LC-MS技术检测芽胞杆菌菌株胞内和胞外代谢物，建立完整的芽胞杆菌属胞内和胞外代谢物库。物质库检索是实现功能性菌株筛选最高效，便捷的方法。而目前缺少具有功能性物质筛选功能的专属资源库。通过对国内微生物专属资源库的调查，针对国内没有芽胞杆菌专属资源库的问题，我们提出了建立具有物质检索功能的芽胞杆菌种质资源库 EIP 信息平台的构想。该平台贯穿菌种资源收集、保存、鉴定、筛选评价和前期研究，实现了全程电子化管理。

——芽胞杆菌属种类预测模型构建。基于芽胞杆菌标准菌株代谢物平台，利用安捷伦开发的 MPP 软件模块，形成芽胞杆菌代谢物自动鉴定平台，初步鉴定芽胞杆菌种类。测定国内采集的芽胞杆菌种质资源的胞内和胞外代谢物，采用统计学方法处理不同种芽胞杆菌代谢指纹数据，建立芽胞杆菌种预测模型，从代谢水平上对芽胞杆菌属种进行分类。

——短短芽胞杆菌次生代谢物分离鉴定及其对龙眼保鲜作用机理研究。应用酶动力学方法，系统研究短短芽胞杆菌次生代谢产物中的抗酶促褐变活性成分对多酚氧化酶的抑制分子机理，结合其抑菌作用机理分析，全面阐述短短芽胞杆菌的抗褐保鲜机制，同时，为新型微生物源抗酶促褐变保鲜剂的筛选提供新途径。

藕合型 Bt 毒素杀虫机制及工业化应用：构建藕合型生物毒素产品开发，杀虫机理研究的平台，从有机改造，分子水平，物质代谢（包括蛋白质组学研究）三个角度完善平台的构建。继续筛选优秀的藕联配基，获得协同性更强的 Bt 藕联毒素；改造 Bt 毒素蛋白，使其更易于与 Bt 中肠受体蛋白结合（通过抗原表位预测，生物信息学等方法筛选受体蛋白结合肽，在不改变 Bt 结构的前提下引入受体蛋白结合肽），提高杀虫活力。藕合型 Bt 毒素工业化应用研究。简化有机小分子的改造，提高藕合型 Bt 毒素的藕联效率，开发一款藕合型 Bt 毒素的生物农药。荧光标记定位藕合型 Bt 毒素在靶标害虫中的作用靶点。通过将 Bt 藕联毒素和绿色荧光蛋白 GFP 融合表达或者 FICT 标记 Bt 毒素，研究 Bt 藕联毒素在中肠的定位以及 Bt 藕联毒素作用后靶标害虫中肠形态的变化。藕合型 Bt 毒素杀虫通路的研究。通过 LC-MS 等技术寻找昆虫中肠受体蛋白与 Bt 毒素相互作用的位点，研究受体蛋白与 Bt 毒素的相互作用，阐明整条杀虫机制通路。

植物主要病害植物疫苗研究方面：包括 2 个研究方面。

——枯萎病植物疫苗的免疫抗病机制及菌剂生产应用。围绕枯萎病植物疫苗菌株非致病尖孢镰刀菌 FJAT-9290，研究其生物学特性（生长曲线、营养需求、培养条件、形态特征差异等）和生理学特性（酶动力学研究、缺素培养、PLFA 差异分析等）；进一步从侵染定殖机理、营养竞争、位点竞争及诱导抗性等方面阐明该菌株对茄科和瓜类枯萎病的免疫抗病机理。进行菌株 FJAT-9290 发酵培养基和发酵条件优化、中试产品生产、室内盆栽和田间小区防效生物测定等研究，为该菌剂的生产与研发奠定基础。

——茄科青枯病植物疫苗制剂的研制及其示范应用。通过不同途径构建无致病力青枯雷尔氏菌突变菌株库,利用细菌色谱技术纯化鉴定无致病力突变株,结合突变菌株的致病性、防效、定殖特性和生物学稳定性研究,获得高纯度、生物学特性稳定、具有生产应用前景的菌株作为植物疫苗菌株。从生态位竞争和诱导抗病等多角度探究植物疫苗菌株对茄科青枯病免疫抗病的机制,为有效地研发茄科青枯病植物疫苗提供理论基础。优化植物疫苗菌株的培养基配方、发酵工艺、制剂技术及产品质量检测等,设计一套完整的工业化中试生产线,突破青枯病生防菌剂生产的关键技术,优化配套设备,研发适用茄科作物青枯病防治的植物疫苗中试产品,并进行安全性评价,实现关键技术集成与产业化示范。开展与龙头企业的合作,制定使用技术操作规程,通过技术培训和现场指导方式,优化植物疫苗制剂施用关键技术、配套技术及设备,每年采用植物疫苗制剂进行 5 万亩以上茄科作物青枯病防治,提高植物抗病能力,防效达 75% 以上,降低生产成本,促进绿色农业可持续发展。

功能性微生物制剂的产业化技术发展:以课题组现有的微生物菌种资源与前期研究为基础,依托渔溪智能化生物基质工程化实验室以及正在建设中的芽孢杆菌工程化实验室,以市场(企业)需求为导向,进行功能性微生物制剂产业化技术体系研究,努力实现以下主要目标:建设乳酸芽孢杆菌生产线、益生菌发酵生产线、生物基质/生物肥料生产线各 1 条,建立功能性微生物制剂产业化研究平台与团队。研究功能性微生物制剂的产业化技术,研发功能性微生物制剂 1~2 个/年,制定相应的标准生产规程与应用规程。

9.2.12.2 农业生物资源保存

重点调查海峡西岸(福建省及周边)各种自然生态区内的微生物资源,并从全国各地的特色生态区收集微生物,在做好资源的收集和保存的基础上,加强微生物资源的挖掘和利用研究,针对生产需求对获得的微生物资源开展功能和产业工艺技术研究,建立以服务产业为目的微生物种质资源及利用技术信息库。

芽胞杆菌资源收集:主要进行芽胞杆菌菌株资源库的完善,采集各地特色土壤样品(包括盐碱环境、高温环境和酸性环境的土壤、水体等样品)及昆虫、地衣、中草药等样品 800 份,试验采用多种不同的培养基,分离普通及具有嗜盐(碱)、耐盐(碱)、嗜酸、嗜热等特征的芽胞杆菌菌株 4 000 株以上;对分离获得的芽胞杆菌菌株采用 -80℃ 甘油冷冻保存法进行保藏。

芽胞杆菌资源鉴定分析:对从采集的样品中分离获得的芽胞杆菌,采用 16S rRNA 和 gyrB 基因进行初步鉴定;对初步鉴定为新种的菌株,进行 DNA-DNA 杂交、生理生化、化学特征等分类指标实验验证;争取 5 年内发现新种 20 个,发表 15 个以上。

9.2.12.3 农业环境修复研究

着重开展饲用益生素、降污微生物等农业环保型微生物制剂研究，开展农业废弃物资源循环再利用技术研究，环境污染微生物治理修复技术研究。

芽胞杆菌益生菌的研发与应用：在益生菌对微生物发酵床菜猪大栏健康养殖作用的研究与应用方面，依托福建省农业科学院福清（渔溪）现代设施农业样板工程，以微生物发酵床大栏生态菜猪为观察对象，拟在前期研究基础上，开展短短芽胞杆菌益生菌对微生物发酵床菜猪大栏健康养殖的作用分析、益生菌生产工艺与制剂工艺研究、微生物发酵床菜猪大栏健康养殖益生菌中试生产，以及益生菌在微生物发酵床菜猪大栏健康养殖的施用技术优化。实现益生素的中试生产，降低生产和贮运成本，提高生产效率，研发高效价、效果稳定、价格低廉的益生素产品，推动我国益生素产业的发展。开展植物益生菌对植物的抗病促长作用及对土壤的改良作用研究，结合全基因组与代谢物质分析，从理论方面探讨短短芽胞杆菌的抗病促长作用机理。同时，优化其生产工艺、制剂技术及施用技术等，结合不同作物研发不同产品剂型，进行田间应用，观察其对不同作物的抗病促长作用。采用GFP荧光标记结合土壤微生物脂肪酸测定，分析其对土壤微生态的影响，从而，进一步推进生防菌剂和免疫接种剂的产业化和商品化。

芽胞杆菌酶学与发酵床研究：拟在福建省农业生物药物工程技术研究中心（兼福建省生物农药工程中心）的基础上，以生产应用为方向，研发具有市场前景的人工腐殖质生产及应用系列产品，进行创新性研究，开展商业性科研，实现科研产品商品化。

微生物发酵床养猪机械化研究：微生物发酵床养猪机械化装置的设计与应用。开展发酵床管理应用机械的优化设计，降低劳动力依赖程度，完善微生物发酵床养殖模式的技术体系。开展微生物发酵床多元复合垫料机械化生产技术研究与应用、微生物发酵床日常管理机械研究与应用，建立微生物发酵床养猪远程监控系统及综合管理标准操作规程。建立示范基地，培训技术人员，指导企业生产，推广应用。微生物发酵床养殖系列功能微生物菌剂的研发与工业化生产技术。建立功能菌株的高通量筛选技术平台，建立核心菌株库。通过功能菌株的发酵工艺优化、发酵条件自动监控、后处理工艺技术研究及生产过程标准操作规程和产品质量标准的制定，建立功能微生物制剂生产工艺研究平台，制定使用规程，指导生产应用。

微生物发酵床生猪病害动态监测及防控机制研究与应用：开展功能微生物制剂对微生物防治床主要微生物的影响；主要病原微生物的检测及动态监测技术研究；功能性微生物制剂替代抗生素可行性研究；对病害生防效能监测及风险评价。开展发酵床作为生猪病害生物防治床的生防效能监测及风险评价。

微生物发酵床人工腐殖质工业化生产技术研究与应用：研发微生物发酵床养殖用后垫料资源利用技术，应用隧道式发酵体系，进行用后垫料为基材的生物基质、生物肥料（药）、食用菌栽培基质等新产品的研发。建设人工腐殖质工业园区，园区建设包括垫料生产单元、生物基质生产单元、食用菌生产单元、生物肥料（药）生产单元和种苗基质生产单元，各单元及相对独立，又相互关联，形成"资源—产品—再生资源"的闭环反馈式循环体系。产生示范效应，进行示范推广。

大中型畜禽养殖环境变化监测分析：以不同养殖模式的大中型畜禽养殖场为基点，采用"农业生境自动观测站"数据自动采集系统进行养殖场对周边环境影响的变化监测，收集养殖场及周边环境变化本底大数据，积累长期监测资料，为研究环境容量、实施总量控制和目标管理、预测预报环境质量提供数据，获得养殖场环境变化大数据，准确、及时、全面地反映养殖场及周边环境质量现状及发展趋势，为保护环境、合理利用自然资源，环境管理、污染源控制、环境规划等提供科学依据。

9.2.12.4 瓜果良种研究

主要以瓜果资源收集、扩繁保存，创新利用、产业开发及新品种配套栽培技术。种质资源的收集、创新、利用伴随着新品种研发的深入而愈加重要，进一步加强种质资源的收集和创新利用将是国内外育种工作者聚集的焦点。注重野生种和近缘种的收集，并通过种间杂交、体细胞融合等技术、小孢子培养技术、多基因聚合技术、远缘杂交技术等进行资源创新，为育种研究服务。良种研究中心在未来五年研究主要内容分为：苦瓜品种资源收集保存、苦瓜砧木的选育、西甜瓜品种资源收集保存、芋菇新品种杂交选育、西洋类南瓜品种资源选育收集。整体发展上，组建一个和谐的瓜果蔬菜研究团队，开展一批高水平的蔬菜领域的研究，研发一批生产上有推广应用前景的瓜果蔬菜新品种，增加市场上蔬菜的花色品种。

苦瓜品种资源收集保存：当前福建省苦瓜品种的发展趋势是淡绿色尖瘤向淡绿色钝瘤方向发展；皮色由浅绿向青绿过渡，最终向深绿、钝瘤且高 Vc 的方向发展。为丰富福建省苦瓜育种的种质资源，未来五年，通过搜集引进国内外苦瓜种质资源，并对其性状进行鉴定和品质分析，自交纯化，筛选出一批苦瓜优异种质资源，通过室内抗病接种筛选与田间筛选，选出具有特色的稳定自交系。同时，对综合性状较好的杂交一代新组合进行抗病性测定，如抗枯萎病、白粉病、霜霉病等室内接菌鉴定和田间抗性的筛选工作，选出高抗或中抗的苦瓜新组合应用于生产；测定苦瓜资源弱光下的光合效率，光补偿点和饱和点，配制和筛选适合大棚种植的耐低温弱光早熟品种，露地中熟苦瓜品种，夏秋耐热抗病的中晚熟等系列品种用于大田种植，筛选出瓜农和消费者喜好的苦瓜系列新品种。拟建设瓜果品种资源保存与繁育基地30~50亩，进行苦瓜品种资源收集保存、新品种选育和评比、示范。将苦瓜品种研发做大做强，培育出系列苦瓜新品种，满足不同地区的消费需求，在福建、江西、湖南、浙江、四川、重庆等地占有一定的市场份额，作为服务三农的延伸，在苦瓜品种开发、优质种子生产、品种营销等综合实力争取进入国内领先行列，同时开展苦瓜配套栽培技术研究与保健型苦瓜品种选育及其产品开发。

苦瓜砧木的选育：苦瓜连作障碍和土壤带菌引起的苦瓜病害越来越多，尤其是苦瓜枯萎病严重地影响了其商品生产和可持续发展。目前对土传性病害的防治还没有特效药物，解决该问题最有效且经济的办法是推广使用抗逆性和抗病性强的品种。然而，在缺少高抗枯萎病品种的情况下，采用嫁接栽培技术，把高产优质的低抗枯萎病品种嫁接到抗病性强的砧木上是防治土传性病害简单而十分有效的措施之一。未来五年，在瓜果品种资源保存与繁育基地，搜集不同来源的丝瓜种质资源100份以上，通过对种质资源进行性状鉴定，筛选出一批具抗性强、长势旺等优良性状的种质资源，进行自交纯化。通过田间砧木农艺性状的调查，例如，嫁接后苦瓜长势、抗病性、抗逆性等，并结合室内抗病性的测定，筛选出抗逆性强，长势强的苦瓜砧木品种。开展砧木——苦瓜嫁接的抗病机理研究，嫁接砧木对苦瓜品质影响的研究：基于转录组学解析丝瓜砧木对接穗苦瓜品质调控机制的研究，以期从分子层面分析砧木对苦瓜品质影响的作用机理。

西甜瓜品种资源收集保存：西、甜瓜在世界园艺业中始终占有重要地位。西瓜的生产规模仅次于葡萄、香蕉、柑橘和苹果居第5位。而甜瓜则居第9位。未来五年，根据福建省西甜瓜产业发展存在明显的区域特点，本着前瞻性与现实性相结合的原则，有针对性的开展以下产业研究：甜瓜砧木筛选、西瓜耐热型砧木筛选、优质西瓜新品种引进及关键技术研究、西瓜倍性研究、薄皮甜瓜资源收集利用研究、薄厚皮杂交甜瓜品种引进及关键技术研究。

丝瓜新品种开发研究：在搜集各类型优良丝瓜种质资源的基础上，对筛选出的优良材料进行自交或回交，从而获得具有目的的优良性状基因纯合自交系，进行相关配合力的测定，研究丝瓜主要经济性状的遗传规律，为选配杂交新组合提供理论参考。同时应用RAPD分子标记技术在分析鉴定丝瓜的不同性状亲本的基因的差异性与杂种一代之间的相互关系，为杂交一代纯度测定提供理论依据。

芋葫新品种杂交选育：芋葫是福建的主要蔬菜型瓜类品种之一，长期以来瓜农使用常规品种，品种退化比较严重，杂交一代品种推广后常规品种的生物混杂加快，加剧了常规品种的进一步退化。经过多年的收集，良种中心保存和自交纯化也积累了不同类型的4~6代的自交系20多个，提纯复壮与选育新杂交品种将是未来五年规划的重点项目。

西洋类南瓜品种资源选育收集：在搜集各类型优良南瓜种质资源的基础上，对筛选出的优良材料进行自交或回交，从而获得具有目的的优良性状基因纯合自交系，为选配杂交新组合提供理论参考，未来五年，将选育 1~2 个出优质西洋类南瓜新品种在生产上大面积推广应用。

9.2.12.5 药用植物研究

中药材种质资源和纯正种质是中药材生产的基础和源头，中药材种质提纯复壮和筛选是保证中药材品质的关键技术，繁育和种植优良种苗将降低农药残留和重金属对环境和药材污染、是保护生态环境和保证中药材安全性的重要条件。药用植物研究中心以闽台药用植物种质资源、闽产中药材为主要研究对象，在未来五年继续开展药用植物资源收集、保存和创新利用研发，主要研发方向包括：药用植物资源收集与保存、药用植物种质资源遗传多样性分析与 DNA 指纹图谱库建设、选育种关键技术研究与集成、种子种苗繁育技术体系研究与集成、中药材规范化生产关键技术研究与标准制定、中药材炮制与产品研发等。

药用植物种质资源收集与保存：采用走访调查、实地考察等方法进行系统调查，继续收集药用植物种质资源进行就地保护，珍稀名贵或特异资源实行异地种植保存，继续完善种质资源保存圃建设；濒危珍稀种质资源实行离体保存，充实种质离体保存库。收集保存种质资源的同时，制作腊叶标本和药材标本，完善标本保存室。在对药用植物种质资源收集鉴定的基础上，继续开展和完善闽台药用植物形态特征与药材特性的比较研究，继续与台湾中国医药大学合作，编辑出版《闽台特色药用植物彩色图谱》系列丛书。

药用植物种质资源遗传多样性与 DNA 植物图谱库建设：开展福建道地中药材资源的 ITS 序列化测定，形成自主的知识产权，实现我省中药材特色基因资源的产权保护。通过对我省药用植物种质资源收集、DNA 多态性标记及特定基因片段的测序等技术研究，建立我省中药资源的遗传多样性研究技术和测序技术，继续完善 DNA 植物图谱库建设，不仅分析我省药用植物物种的遗传多样性，探讨物种的亲缘关系和进化趋势，为药用植物资源的保护和种质资源的保存提供依据。特别是对濒危物种的研究和保护更具有实际意义。建立 DNA 指纹图谱库，使其与薄层层析、细胞学、酶化学技术一起为道地药材的种质资源建立了多元鉴别体系。

闽产中药材选育种关键技术的研究与集成：我国常年栽培的 200 多种中药材品种中，经选育和培育的优质药材品种不到 20 种，培育并经过审定或鉴定出品种的中药材仅有枸杞、红花、地黄、柴胡、五味子、人参等 20 余种，福建省仅有太子参、仙草和山药 3 种中药材通过品种认定，严重影响了闽产药材生产的规范化和规模化。本研究方向主要采取集团选育、杂交育种等选育种方法进行优良品种的选育研究，通过收集多样性资源，引进现代分子生物学技术、植物化学分析分类技术开展资源的基源鉴定、资源遗传多样性水平及亲缘关系，建立不同资源的农艺性状与内在质量评价体系，确定选种目标开展分离纯化研究，从而进一步筛选遗传稳定、活性成分含量高的优良品种或杂交亲本。

闽产中药材种苗繁育技术研究与集成：基源准确、种质优良、稳定的优质种子种苗是保证中药材质量优良与稳定，保障中药材生产健康发展的基本前提。但是目前在福建省中药材生产中，大多数供生产用的种子种苗靠采集野生或半野生状态的药材种子，家种中药材种子种苗的生产也主要系农户自繁自育，多数既缺乏种子种苗质量标准与检验规程，也无稳定种子种苗生产基地、生产技术规程和严格的制种技术规范，直接影响着药材的真伪和质量的优劣与稳定，严重地制约了优质中药材的生产发展。本研究方向根据中药材的生长发育规律与生长特性结合生理生化研究，研究建立种子发芽特性、贮藏特性和播种特性，研究建立块茎繁殖、离体培养等技术，集成建立闽产药材的种苗繁育技术体系。

中药材规范化生产关键技术研究及其相关标准制定与推广示范：以闽产药材为主线，本着以生产"安全、有效、稳定、可控"的中药材为原则，开展中药材规范化种植关键技术研究，建立切实可行、行之有效的中药材生产调控技术和病虫害综合治理方法，制定中药材生产质量控制的操作规程和闽产药材质量标准，为福建省的中药材规范化种植提供平台支撑和技术示范。

闽产中药材质量控制、采后炮制与产品研发：主要以福建大宗/道地中药材（太子参、青黛、绿衣枳实、短葶山麦冬、泽泻、金线莲、黄精）为主要研究对象，运用先进的科学技术手段，重视HPLC、GC等色谱指纹图谱的引入，开展符合中药特色的科学、量化的中药质量控制技术和分析新技术相关研究，建立中药有效成分/有效组分分析技术体系，加强中药质量控制技术的研与标准建立。开展福建省地方特色中药饮片传统炮制经验继承及现代炮制工艺的研发，与相关企业合作进行中试，开发新产品。借鉴现代制造技术、信息技术和质量控制技术，开展药食兼用中药材主要成分提取、分离、浓缩、干燥等技术集成创新的研究，建立提取过程工艺，制备中药材活性成分提取物，研发相关产品，提高药食两用产品应用的便利性。

9.2.13 福建省农业科学院植物保护研究所

9.2.13.1 农作物重大有害生物发生规律、预警监测和防控技术研究

农作物重大有害生物成灾机理研究：包括6个研究方向。

——农作物重大病虫致害和变异的生理生化及分子生物学机制研究。研究有害生物对环境适应能力及对寄主致害能力变异分化（如小种/菌系/株系/生物型分化）的生理生化

及分子生物学机制,揭示有害生物遗传多样性与致害的相关性;研究重大有害生物抗药性形成的分子遗传学机制。

——农作物对病虫害抗性的遗传学及分子生物学机制研究。研究水稻等植物抗源品种(组合)的抗性遗传及分子机制、抗病虫信号传导途径;在弄清重要有害生物小种/菌系/株系/生物型的基础上,采用现代分子生物学手段和方法,找出抗性植物体内的抗病虫基因,弄清其抗性作用机理,为探索抗病虫基因改造和培育转基因新抗病虫植物奠定遗传学基础。

——作物—有害生物—有益生物之间及其与环境的关系。研究作物—有害生物—有益生物之间的互作关系及其生物学、生态学、行为学及化学与分子机理,为研究利用信息化合物引诱、干扰、驱除害虫的化学生态学调控技术和改变耕作栽培制度、作物布局减轻病虫危害等农田生态调控技术,持久稳定地控制有害生物提供科学依据。

——害虫行为生物学研究。研究害虫选择寄主、取食补充营养和趋向产卵等行为的化学生态学机制,探索不同栽培制度、作物布局条件下害虫扩散规律变化的原因,设计监测预测和防治害虫新对策、新技术。

——外来有害生物入侵机制研究。重点研究已入侵生物的遗传分化与快速演变、入侵过程中种群增长与扩张的分子生态与化学生态机制、以及对本地生态系统结构和功能的影响及本地生态系统对入侵生物的抵御机制,研究潜在危险生物对入侵地环境条件的适应性,剖析其在入侵地定殖并形成种群的可能性。为建立已入侵和潜在入侵生物的快速检测技术和控制技术,研制潜在危险入侵生物的早期预警系统奠定基础。

——重要病原菌/生防微生物的功能基因组学研究。研究重要病原菌的功能基因组学,重点研究与致病或抗病相关的重要基因的表达调控机制及其在病害发生代谢途径中的地位,分析基因、基因产物之间的相互作用关系。研究重要生防微生物功能基因组学研究,为突破微生物农药研究开发的技术瓶颈,应用工程微生物预防和控制农林有害生物提供新的理论、方法和技术途径。

农作物病虫害监测预警技术研究: 包括 4 个研究方向。

——农作物病虫害分子检测技术研究。研究分子生物学快速检测技术,为农作物重大病虫害和潜在危险性病虫害的快速检测鉴定以及为危险生物入侵的预防和狙击提供科学依据,为农作物病虫害暴发与危险入侵生物的预警及监测提供检测技术支撑。

——农作物病害分子流行学研究。围绕 2~3 种福建省正在猖獗危害的重要农作物病害,应用快速定量检测技术,采用群体遗传学、进化生物学与系统发育地理学方法,研究农作物病害分子流行学研究,构建农作物病害分子流行监测系统,为农作物病害发生风险预测和指导抗性品种合理布局的理论依据与信息化工具。

——农作物重大病虫害抗药性监测预警。研究建立抗药性监测技术体系，系统监测农作物重大病虫害的抗药性发展趋势，建立病虫害抗药性系统监测数据库及抗性风险评估模型，为建立全省/全国抗药性监测网和制定抗药性治理策略提供依据。

——农作物病虫灾害监测、预测、预报和预警技术研究。应用"3S"技术监测气传病虫害，结合气象条件和高空气流的运行分析，确定气传性病害和迁移性害虫的传播（迁飞）途径与路线；开发病虫害发生动态、田间小气候和农作物生长发育的自动化监测技术；利用分子标记等生物技术，对病菌的群体遗传结构、生理小种变异动态、昆虫的地理种群和昆虫生物型变异进行监测、鉴定，预测导致品种抗性丧失的病菌新生理小种和害虫新生物型；利用网络信息管理技术、人工智能决策支持技术、地理信息系统技术、多媒体数据库技术，研究病虫害发生与为害的"异地"和中长期预测预报；建立病虫害综合资源数据库和决策支持系统（DSS）和信息管理系统（IMS），构建有害生物风险评估与监测预警信息系统，组建农业重大有害生物的监测预警与风险评估技术体系。

农作物重大病虫害防控技术研究：包括6个研究方向。

——作物品种抗病/虫性鉴定、评价与抗源利用。研究农作物品种抗病/虫性鉴定技术、方法，建立农作物品种抗性鉴定技术体系；研究制定符合国内生产情况的抗性评价标准体系；开展重要农作物品种（组合）对重要病虫害的抗性鉴定，科学地指导生产与品种的合理布局；以主要有害生物为目标，通过品种抗性鉴定，广泛挖掘抗性资源，为培育多抗性和持久性抗性品种提供重要的抗源材料。

——病原菌毒素诱导细胞抗性技术研究。以相关病菌毒素作为选择压力，开展水稻、香蕉等作物细胞、组织或株系的抗病性研究，从中筛选出在病菌毒素胁迫下耐受性较好的细胞、组织或株系，或采用弱毒株毒素诱导细胞、组织或株系产生抗性的突变体，进行培育和扩繁技术研究，为育种部门提供抗性材料。

——农田生态调控技术研究。开展生物群落多样性调查，掌握茶叶、果树、蔬菜、水稻及园林等生态系统的生物群落多样性背景；通过套种不同植物，改变小生态系统的植物群落，建立适合不同天敌生存与繁殖的适生系统，以保护和利用自然天敌；研究害虫对光、声、电的生物反应差异，以及光、声、电应用对害虫群落结构及生物群落多样性的影响，应用光、声、电技术控制害虫；研究植物与昆虫之间、昆虫与昆虫之间的化学感应及信息传递，开发信息素及其应用技术；研究生物农药应用对害虫的控制作用和对茶叶、果树、蔬菜、水稻及园林等生态系统的生物群落多样性影响；研究化学农药在生态控制中的无害化应用技术。

——微生物资源的发掘利用、植物源与微生物源生物农药的研究和创制。大量收集、鉴定和保藏农作物重大病害病原菌，建立病原菌菌种资源库；从土壤、农作物植株等分离、鉴定和保藏以芽孢杆菌为主体的生防菌，研究建立农作物病害生防菌菌种库；研究建立以组培苗为主体的室内生物测定体系，筛选目标拮抗菌；开展微生物基础生物学研究与活性物质分析、微生物重要功能基因克隆表达与利用研究、以及微生物毒素藕合技术与多位点杀虫毒素藕合构建研究；开展农作物重大病害生防菌剂的研究和创制。开展具有杀虫/抑病活性的植物源活性物质的提取、分离、鉴定、生物活性测定、构效分析、作用机理分析、剂型加工等研究。

——害虫天敌资源的发掘利用以及天敌昆虫高效扩繁和利用技术研究。引进、筛选重要作物主要害虫、害螨的天敌昆虫、捕食性和寄生性螨类，研究天敌优良品系的生物学、生态学、适应性及其与目标害虫、害螨之间的相互关系，建立重要害虫天敌和目标害虫、害螨的生物学、生态学的档案，为人工扩繁和利用提供依据；研究天敌昆虫高效扩繁和利用技术，研制具有自主知识产权的天敌人工饲料、工厂化生产技术和工艺流程，制定产品质量标准，使除1~2种捕食螨外的其他更多种天敌昆虫实现工厂化生产和商业化运作；研制天敌携带虫生真菌的带菌体，制定产品质量标准和产品国家标准；研究天敌和有益生物的保护利用技术。

——与环境相容的化学防治新技术研究与农药环境安全评价。开展新农药研制、农药毒理、田间药效试验和农药安全使用技术研究；研究农药在环境中的迁移、分布、降解和转化规律，评价农药对蜜蜂、家蚕、鱼类、鸟类、天敌等环境生物的安全性；开展农药残留快速检测技术、新仪器和新技术在农药残留检测上的应用研究；开展农药残留降解和生物修复研究。

9.2.13.2 生物安全研究

危险性外来入侵有害生物：重点开展入侵昆虫发生规律和风险分析、入侵昆虫早期预警技术体系和紧急预案和入侵昆虫紧急预案和危机应急控制处理技术的策略与途径等研究。重点开展入侵植物病原物的发生规律和风险分析、快速检测技术、致病性变异机制、早期预警技术平台的构建和紧急预案和危机应急控制处理技术等研究。重点开展入侵杂草发生规律和对特定生态系统结构与功能的影响、入侵杂草的风险评估和生态经济影响评估理，和入侵杂草风险预警技术平台的构建和紧急预案和危机应急控制处理技术的策略与途径等研究。

毁灭性高致变有害生物：重点开展高危昆虫发生规律和监测检测技术、高危昆虫对环境生态和寄主的适应机制、遗传分化和基因漂移的生态影响研究。重点开展高危植物病原物检测技术、致病性变异机制、定量风险评估和高危植物病害早期风险预警技术平台的构建和紧急预案和危机应急控制处理技术等研究。重点开展高危植物发生规律、快速演变的群体遗传和对生态环境胁迫的适应机制和基因漂移的生态影响。

转基因生物安全性：主要研究内容包括遗传修饰生物体（Genetically Modified Organism，GMO）或基因工程生物体（Genetically Engineering Organism，GEO）有害生物的发生风险以及通过食物链对天敌等生物的影响，GMOs或GEOs的生态风险评价、杂草化风险评价，农业生物技术产品投放市场后的安全性监测。

9.2.13.3 主要农作物品种抗性鉴定与抗源利用

抗性研究内容：福建区域主要作物品种（水稻、甘薯、玉米、花生、大豆）资源征集；作物病原菌分离、鉴定与致病性测定；建立新的作物品种抗病性鉴定技术体系和评价标准；作物重要病害病原菌发生变异分子生物学机理研究与病原致病力确定；作物品种组合抗病遗传多样性分析与抗性机理研究；作物品种抗源材料在选育抗病品种上的利用研究；作物品种抗源材料及重要的病原菌长期保存技术研究；模拟自然生态的作物抗性测定圃建设与完善。

9.2.13.4 植保技术信息化的研究

植物重大有害生物风险评估与监测预警：结合本团队有害生物成灾机理、有害生物快速检测技术的研究成果，采用微观检测与宏观决策相结合，应用"3S"技术、决策支持系统（DSS）和信息管理系统（IMS），处理和分析有关数据，构建有害生物风险评估与监测预警信息系统，组建农林重大有害生物的监测预警与风险评估技术体系，为农业重大生物性灾害与危险入侵生物的发生动态监测、风险评估、早期预警、决策管理等提供信息化工具与手段，为植物有害生物防控提供辅助决策与信息支撑。

有害生物防控远程辅助决策与信息资源共享平台：依托有害生物成灾机理、有害生物快速鉴定与诊断、有害生物防控技术等相关领域的研究成果，结合决策支持系统（DSS）和信息管理系统（IMS）技术，开发基于网络的福建省重大有害生物诊断与防控辅助决策系统，以期为生产与管理部门进行有害生物的综合治理提供远程决策参考。

特色产业安全生产溯源技术体系研究：以蔬菜、茶叶、食用菌等福建省特色产业为对象，研究产业安全生产过程数字化监管技术，探索不同的产业生产组织形式下的安全生产监管模式，实现作物生产过程的可追溯。开发作物安全生产追溯系统与生产决策系统软件，构建示范龙头企业产品生长档案信息数据库，实行"一个产地一个编码一套档案"管理方式，详细记录产地环境、原料采购、气象、栽培管理、病虫及用药、采收入库、加工等信息，参照GAP、HACCP或ISO9000建立作物食品安全、质量管理体系，实行安全生产信息化管理模式；建立产品身份证制度，实现可以通过产品编码追溯到相应的基地档案、产品生产全过程相关记录、相关农资投入品采购验收等信息，从源头确保质量可追溯；通过特色产业的研究与应用，逐步探索建立我省主要作物安全生产监管的数字化模式。

基于移动互联网设备的的植保行业应用系统的开发：从农业生产实际需要出发，以福建省3~5种大宗农作物为对象，根据目前农业生产过程病虫害识别与防治中存在的实际问题，开发能在移动互联网终端（智能手机或是MID）上运行，可随身携带的"移动植保专家"。解决基层用户信息获取手段落后、渠道单一等问题，促进植保实用技术的普及。

9.2.13.5 农作物有害生物及其天敌的分类与应用

天敌资源系统分类与资源库建设：系统调查和掌握主要农林害螨（虫）的天敌种类和资源，建立重要的天敌昆虫类群及捕食螨和害螨天敌的系统分类体系；深入进行重要天敌资源的区系分布研究，组建重要天敌资源的专家系统；深入进行重要天敌资源的生物学、生态学研究，建立资源信息系统和共享公共服务平台。

天敌工厂化生产技术及产品质量标准的控制：研究筛选出捕食螨、寄生蜂、瓢虫各2~3种，提供工厂化生产；研究筛选对天敌低毒的生物农药、化学农药、植物源农药和植物保护剂各2~3种，提供生产应用；制定胡瓜钝绥螨产品质量的国家标准；实现1~2种捕食螨和1~2种天敌昆虫的工厂化生产，并实施商业化运作，制定相应产品质量标准。

天敌应用效果评价及其对生态系统的影响：构建天敌应用效果的评价体系；制定天敌引种标准及安全性评价体系；明确拟生产应用的天敌在目标作物上对目标害虫、害螨的防控作用机理及对生态系统的影响，制定天敌及其带菌体的大田使用标准。

捕食螨带菌体—生物导弹的研究与应用：研究筛选对介壳虫、粉虱、蚜虫、叶蝉、木虱和棉蛉虫、吸果夜蛾、蜡象有致病作用而对天敌无毒理作用的虫生真菌、病毒5~10种，用以生产天敌带菌体产品提供生产应用。

9.2.13.6 新型农药及农药安全等研究与应用

植物源农药研究：新型作用机制对提高害虫控制效果、抑制害虫抗药性产生植物天然产物的药剂研究开发，以内分泌干扰、性信息素干扰、渗透促进、昆虫生长调节、几丁质合成抑制为评价指标，开展植物天然产物对害虫控制作用的研究；通过配方筛选、型剂研制、技术优化，从田间和室内评价植物源农药、植物源增效剂、植物源诱集剂等天然制剂对害虫控制效果，研制新型植物源制剂，提出应用新技术；植物—昆虫相互关系的研究是发现新型植物次生物质和植物源昆虫行为调节剂研究与应用的基础。

农药残留检测和控制研究：加强超富集植物修复筛选及其与其他修复技术的联用研

究，开展植物修复机理研究，通过生物技术，培育植物修复多种农药污染的品种和提高植物修复效果。加强农药残留去除技术研究，主要开展农药残留快速检测技术、新仪器和新技术在农药残留及多残留检测上的应用研究、农药残留分析前处理方法研究、农药残留降解、多残留去除技术等应用研究。

农药环境安全评价：研究农药在环境中的迁移、分布、降解和转化规律，评价农药对蜜蜂、家蚕、鱼类、鸟类、天敌等环境生物的安全性。

实用技术研究：以减少农药残留和环境污染为目的的农药安全使用技术研究。开展田间药效试验、加强施药技术、减少农药用量、新技术和新材料等应用研究。

抗药性风险评估：开展不同化学农药对重大害虫的药效测定；分析害虫的抗性水平；研究害虫产生抗性的机理；探索利用分子生物学和生物化学技术进行害虫抗药性快速检测；对新农药品种进行抗性风险评估；通过抗药性动态跟踪，分析害虫灾变的可能性；抗性的可持续生态治理。

野外观测站建设：系统监测重大病虫草害对常用农药的抗性发展趋势，研究病虫草抗药性监测配套技术体系，建立病虫抗性系统监测数据库及抗性风险评估模型；综合治理措施对有害生物控制效果观测，建设数字化预警、智能化防治策略和网络化的信息收集与传递系统，完善漳州龙海市角美有害生物野外观测试验站和闽侯南通中试基地田间观测设施区、病虫控制试验区、实验附属设施等建设和添置气象自动观测系统等必要的设备、仪器。

9.2.14 福建省农业科学院农业质量标准与检测技术研究所

9.2.14.1 农产品质量安全风险评估

根据国家农产品质量安全风险评估的总体部署，福建省农业科学院农业质量标准与检测技术研究所入选首批农业部农产品质量安全风险评估实验室，承担区域性农产品质量安全风险评估工作。

风险评估是对已知或潜在的人类接触食源性风险所导致的不利于健康的影响而进行的科学评价。按照农业部农产品质量安全风险评估项目的要求，结合福建省农产品质量安全实际，主要以农药残留、兽药残留、重金属污染、微生物和生物毒素五大风险因子作为农产品质量安全风险评估内容，研究内容包括：主要"菜篮子"产品、粮油产品、农产品生产过程与产地环境等源头相关的主要危害因素。

在前期风险评估的基础上，2014—2019 年风险评估重点关注以下产品、环节和风险因子。

蔬菜：重点关注农药残留、微生物污染、生长调节剂、农药隐性添加、农药助剂、环境激素、持久性污染物、增塑剂等风险因子。

畜禽产品：重点关注猪牛羊等β-兴奋剂残留；禽产品中抗病毒及抗菌药物；畜产品中非甾体类抗炎药；畜禽产品中重金属和农药残留；畜禽产品加工、收储、运输过程中致病菌及相关"危害因子"等。

水产品：重点关注水产品中孔雀石绿、硝基呋喃等禁限用物质；淡水鱼中重金属和农药残留；水产品增氧剂；贝类中重金属；水产品环境抗生素；水产品中致病菌等。

粮油产品：重点关注稻米重金属污染；稻米等主要营养功能评价；稻米中毒死蜱噻嗪酮等农药残留；花生中黄曲霉毒素等。

食用菌：重点关注平菇、双孢蘑菇、金针等农药残留；食用菌中二氧化硫、重金属等。

果品：重点关注大宗生鲜果品农药残留、微生物和重金属污染；果品植物生长调节剂；果品投入品隐性成分危害；果品真菌毒素污染等。

茶叶：重点关注红茶、乌龙茶等生产环节危害因子；茶叶中水溶性农药、重金属、稀土等污染。

产地环境：重点关注稻米产地镉污染；蔬菜等产品重金属、微生物污染；典型地区农产品环境污染因子对农产品质量安全影响评价等。

9.2.14.2 水产健康养殖

水产动物增养殖学：研究水产经济动物的亲体培育、促熟、催产和孵化技术，生殖操作和遗传操作技术，人工育苗技术等；研究水产动物工程化生态养殖和生态化工程养殖技术；水产生物的养殖新模式、新工艺等。

水产动物营养与饲料学：利用发酵、酶解等方法，开发酶制剂、微生态制剂及其在提高饲料原料利用率中的应用；植物性蛋白质原料替代鱼粉的研究；非常规原料替代豆粕的研究；研制具有生物活性和免疫功效的新型饲料添加剂；开发饲料安全检测技术；通过饲料配方调整，增强养殖动物免疫抗病力；高效环保型水产饲料研发，提高养殖动物成活率，增强经济效益。

设施化水产养殖水质调控技术：工厂化循环水环境处理技术集成示范与应用，高密度工厂化养殖用水排放前处理。养殖水体氨氮、重金属等因子的监控及调控。实现养殖水体健康化控制，减少养殖过程病害发生。降低养殖废水富营养化现状，减少其排放对环境的污染。

9.2.14.3 生物安全

转基因生物安全监督管理平台建设：构建转基因科研管理与活动备案系统、转基因生物安全评价试验监管系统和转基因产品监管调查协作系统，形成较为完整的转基因生物安全监管信息平台；构建转基因生物安全公众信息平台，开展转基因科普知识和生物安全宣传；建成转基因重大技术储备专项管理系统，为福建省农业转基因生物安全监管以及转基因重大技术储备专项的实施提供信息化的手段和方法，提升监管效率和水平。定期对各级转基因生物安全监管人员进行培训，使之具备执法能力和水平；定期对转基因产业从业人员进行培训，提高生物安全意识。

抗虫转基因水稻的环境安全性评价：以福建省自主研发的抗鳞翅目害虫、新型抗稻飞虱转基因水稻品系为试材，通过室内测定、温室模拟试验与田间试验，开展抗虫转基因水稻品系的环境安全性评价。

抗稻瘟病转基因水稻的环境安全性评价：以福建省自主研发的抗稻瘟病转基因水稻品系为试材，通过室内测定、温室模拟试验与田间试验，开展抗稻瘟病转基因水稻品系的环境安全性评价。

抗草甘膦转基因水稻的环境安全性评价：以福建省自主研发的抗草甘膦转基因水稻品系为试材，通过室内测定、温室模拟试验与田间试验，开展抗草甘膦转基因水稻品系的环境安全性评价。

9.2.15 福建省农业科学院生物技术研究所

生物技术研究所将根据目前研究所内设的研究组状况及福建农业科学院科技创新团队计划已有的科研团队框架，通过调整、充实、提高，组织科研力量，在今后五年期间（2014—2019）按四个创新团队开展研究。

9.2.15.1 水稻分子设计

目前，水稻科学研究已逐步进入以"分子设计"为理念定向改良品种的新时代。水稻分子设计研究创新团队依托福建省农业遗传工程重点实验室，多年承担"国家转基因重大专项""国家自然科学基金""国家863计划""国家973计划"和"福建省重大科技项目"等有关研究课题，自1996年组建实验室以来，通过18年的建设发展，形成了总体目标和研究方向明确，"课题研究""平台建设"与"产业支撑"均衡发展，上、中、下游技术集成特色鲜明，研究配套设施体系完善，研究队伍构成合理、稳定，在省内外具有重要影响的优势水稻科学研究团队。"水稻分子设计创新团队"总体目标是：依据科技发展方向和社会发展重大需求，重点开展水稻基因克隆和功能诠释的原始创新及水稻分子设计上、中、下游相关技术体系研究，抢占水稻生物技术发展的制高点，保持在国内、国际上转基因水稻新品种培育的优势地位，为福建省乃至全国水稻生产的可持续发展和粮食安全提供技术支撑。

水稻功能基因组学研究： 水稻生殖过程是水稻最重要的生物学过程，直接影响水稻的产量和品质。在前期研究基础上，利用在籼稻 T-DNA 插入突变体库中发现的与水稻抽穗期、穗型、花器官、雌雄配子及种子发育相关的生殖发育突变体，精细定位和克隆相关突变体基因，并在此基础上，重点开展水稻生殖发育关键基因的功能及分子调控机制研究，阐释水稻生殖发育关键基因的生物学功能；同时，利用现代分子遗传学研究技术和成果进行水稻育种技术创新。具体研究内容包括以下方面。

——水稻生育期基因的克隆及利用研究。利用拥有的短生育期突变体，在开展其基因克隆及功能阐释的同时，将其与单蘖或寡蘖基因聚合，创制寡（单）蘖短生育期水稻新材料。

——水稻穗型发育相关基因的克隆及功能研究。利用一组穗型突变体，在精细定位突变体基因的基础上克隆相关基因，并开展其功能研究。

——水稻花器官与配子发育基因的克隆及功能研究。基于拥有的水稻花器官及配子发育突变体和前期遗传及基因定位研究结果，在进一步完成基因精细定位的基础，筛选出候选基因，利用 CRISPR/CAS9 技术定向突变这些基因，并开展其功能研究。

——利用基因组编辑技术定点突变水稻重要农艺性状基因的研究。利用最新的基因组编辑技术（TALEN 或 CRISP/Cas9 技术）对水稻重要农艺性状（广亲和、株型、穗粒数和粒重等）的负调控因子进行定点突变，构建一些具有育种价值的新材料。

——水稻重要农艺性状 QTL 定位研究。利用一个重组自交系及简化基因组测序数据，开展水稻重要农艺性状的 QTL 定位研究。

水稻分子育种研究： 在前期研究基础上，重点开展水稻分子育种技术创新，建立和完善新型安全转基因水稻培育技术体系；探索水稻大片段转基因技术、转基因定点整合技术及复杂性状基因组装技术；创制一批具有自主知识产权、突破性的水稻新种质。具体研究内容包括以下方面。

——新型安全转基因水稻培育技术研究。在前期研究基础上，构建一套方便重组的新型安全转基因水稻培育载体系统，对该系统中相关的分子调控元件进行优化，建立新型的安全转基因水稻培育技术体系。

——新 Bt 基因改造修饰和抗同翅目转基因稻的培育。新的抗性基因和通过基因聚合培育抗性品种被认为是防治稻飞虱最经济有效的方法之。基于具自主产权的新型 Bt 基因，拟对其采用基因改造、定点突变和结构域交换等手段，构筑抗同翅目害虫转基因水稻育种研究的技术平台，获得高效的抗同翅目转基因材料。

——安全无标记抗虫转基因水稻研究。通过绿色表达的茎叶特异性启动子技术控制抗虫目的基因的特定组织表达，结合高效的水稻胚乳特异删除系统和双 T-DNA 无标记技术，培育一种绿色表达的安全无标记抗虫转基因水稻。使得所获得的转基因水稻既能表现出高效的抗虫效果，又能减少或降低外源转基因尤其是转基因表达产物在水稻可食用部分的含量，从而达到公众最大接受程度的目的。

——新型抗除草剂水稻培育。利用茎尖特异型表达启动子驱动抗草甘膦基因在茎尖和水稻花芽分化时期的超表达，结合组成型启动子驱动抗草甘膦基因的组成型表达策略，培育新型抗除草剂水稻。提高水稻对除草剂的安全性，保障水稻的高效生产。

——利用转基因技术调控稻田甲烷释放研究。甲烷是温室气体的重要成分，稻田是大气中甲烷的重要来源。在前期研究基础上，利用转基因技术调控淀粉合成途径上游的关键转录因子的表达，控制水稻的淀粉合成途径，改变植株内光合同化碳的分配比例，降低水稻田甲烷释放量。

水稻遗传及种质创新研究： 我国水稻育种居于世界领先地位，其根本在于我国的水稻种质创新始终处于世界前列。现代育种必须将种质创新、技术创新、产品创新有机结合，不进行种质创新则永远不可能培育出突破性和压倒性新品种。因此，本创新团队的水稻种质创新研究将在前期研究基础上，重点开展杂交稻种质创新。具体研究内容包括如下。

——杂种优势利用新型种质创制。基于籼粳杂种优势利用理念，创制一批"籼不粳恢"或"粳不籼恢"的新种质材料。

——新型优质不育系的培育。利用水稻不育基因的最新研究成果，通过遗传转育或基因定点突变技术，创制新型优质三系或两系不育系。

——半直立、密穗型杂交稻新品种的选育。利用现有的矮化、半直立、密穗型粳型恢复系资源，创制强优势、半直立、密穗型杂交稻亲本新种资。

——直播型水稻新材料的创制。水稻直播是水稻生产发展的方向，在前期研究基础上，通过筛选种质资源并通过杂交选育，创制适于直播的水稻新材料。

——水稻新型育种技术体系的建立。利用重组自交系开展水稻杂交稻育种新技术研究，建立一种量化培育杂交稻的方法及流程。

9.2.15.2 植物分子免疫

针对植物分子免疫领域一些国际竞争性前沿方向及重要基础问题开展研究，立足于水稻抗病改良实际需求，结合植物分子生物学、植物分子病理学、高通量组学等现代技术体系，研究植物免疫分子机制重要基础理论问题，挖掘并利用水稻重要抗性基因资源，开展水稻抗病分子改良工作，开展水稻-土壤微生物互作研究。

水稻抗病性遗传基础及抗病基因挖掘：

——我国水稻主要栽培品种或育种材料重要抗稻瘟病基因位点的分子鉴定。基于水稻重要抗稻瘟病基因的序列，利用生物信息学分析抗稻瘟病基因的特异分型序列，结合遗传学、抗病性鉴定，开发重要抗性基因的分子标记体系，并进一步系统鉴定我国水稻主要栽培品种或重要育种材料的抗稻瘟病基因位点。

——我国优异抗病水稻资源主效抗稻瘟病基因挖掘及应用。主效抗病基因在育种上具有重要应用价值，通过鉴定优异抗性种质中的主效抗病基因资源，结合遗传学、基因组学，挖掘、克隆具有自主知识产权的主效抗病基因，应用于水稻抗病改良。

——水稻稻瘟病水平抗性基因资源挖掘及应用。水平抗性基因在育种应用中越来越受到重视，但目前所鉴定到的基因为数十分有限，其鉴定尤其困难。项目拟采取高通量基因组学、突变体筛选策略等，挖掘、克隆具有自主知识产权的主效抗病基因，应用于水稻抗病改良。

水稻抗病分子改良：

——聚合多抗病基因广谱持久抗病水稻培育。利用已克隆、具有育种价值的稻瘟病抗性基因，创建高效大片段多基因遗传转化体系，获得整合多个抗病基因的转基因水稻材料，结合分子标记辅助选择，聚合更多抗谱互补的基因，培育广谱持久抗稻瘟病转基因水稻

——复合抗性新型水稻的培育。在培育抗病水稻的基础上，结合抗虫、抗除草剂等研究成果，通过基因工程技术或分子标记辅助选择技术，聚合各种复合抗性基因，最终培育复合性状水稻新材料，促进转基因水稻产业化开发或战略性储备。

植物免疫分子机制研究： 研究植物免疫分子机制的一些重大理论问题，探讨植物免疫分子机制理论指导作物抗性改良的策略，主要研究内容包括如下。

——植物基础性免疫机制研究。创建、筛选植物基础免疫功能缺陷的突变体，通过图位克隆分离涉及植物基础免疫机制的基因，进一步研究关键基因的功能、互作网络。

——植物细胞程序性死亡分子机制研究。分析几个新型植物类病斑突变体与病原互作的表现，图位克隆分离控制植物细胞程序性死亡的基因，研究关键基因功能及其在抗病途径中的作用。

——抗病基因介导植物抗性的分子信号网络解析。反向遗传学策略筛选抗病基因互作蛋白、正向遗传学策略筛选抗病基因下游网络关键元件，综合应用遗传、分子生物学、生化及植物病理实验方法研究抗病基因作用的分子网络。

——病原效应蛋白功能及其与植物标靶互作机制的研究。规模化筛选植物病原新型功能效应蛋白，研究这些蛋白作用于寄主细胞标靶及其互作的机制。

水稻—土壤微生物互作研究：稻田土壤微生物生态系统的稳定性直接关系到土壤养分转化、土传病害传播及温室气体排放等农学和环境问题。土壤微生物群落组成、丰度和活性是衡量土壤微生物生态系统稳定性的指标。

——转基因水稻对土壤微生物生态系统稳定性的影响。利用 PCR-DGGE、DNA 测序及荧光定量 PCR 等分子技术，揭示不同转基因水稻稻田土壤中各类微生物群落结构的变化状况及其生态功能，评价转基因水稻对土壤微生物生态系统稳定性的影响。

——转基因水稻根际微生物群落特征及其功能。通过高通量测序系统分析不同转基因水稻根际微生物群落组成特征，研究特征根际微生物群落与转基因水稻生长的相互作用，及其对生态系统可持续性的影响与贡献。

9.2.15.3 水产动物技术

以大黄鱼、鳗鲡等福建省主要经济鱼类为研究对象，重点研究大黄鱼和鳗鲡重要疾病的病因、明确病原并建立检测方法；通过动物模型建立细胞和体液免疫评价方法，创制实用新型的免疫制剂，同时绘制大黄鱼、鳗鲡和其他动物肠道微生态图谱，制备微生态制剂，提高抗病力，提升福建省的水产动物疾病免疫防控水平，为福建省乃至我国水产养殖业的可持续发展提供技术支撑。

鱼类重要病原学研究：近年来，出现多种对福建省主要经济鱼类危害严重的病原，建立这些致病病原的分离、培养方法，把握其流行特点、生物学特征和变异情况，建立检测方法，对这些疾病的早防控、科学防控具有重要的意义，因此本方面在今后的五年内将从事以下工作。

——病毒性病原研究。探讨大黄鱼白鳃症病因、研究病原的侵染机制、建立检测方法，并对病原的功能蛋白进行分析，为免疫防控提供条件；建立鳗鲡病毒性病原的培养方法，掌握鳗鲡病毒性病原生物学特征和流行规律；建立检测方法。

——细菌性病原研究。对创伤弧菌等进行基因组测序并对功能基因进行分析，利用单抗技术建立检测方法；明确大黄鱼内脏结节病的病原和流行规律，建立检测方法。

——寄生虫病病原研究。建立刺激隐核虫、多子小瓜虫、淀粉卵涡鞭虫的培养方法，对刺激隐核虫进行基因组测序，筛选纤毛类寄生虫的共同抗原，为寄生虫广谱性免疫制剂的研发提供条件。

鱼类免疫学研究：常规的化学药物的副作用已被业内外人士所认识，免疫手段已在畜禽病防上广泛应用，而我国目前仅有廖廖无几的几种水产免疫制剂获得国家许可，这些免疫制剂多为注射型，大规模应用有难度。因此本方向拟在建立科学免疫评价方法上进行实用免疫制剂的研发，今后 5 年的工作包括以下两方面的内容。

——基础免疫学研究。以斑马鱼等为模型，研究鱼类免疫细胞的发育、鱼类免疫系统对抗原的免疫应答、鱼类免疫相关基因的功能及其定位，建立鱼类细胞免疫水平与体液免疫水平的可量化评价方法，为免疫制剂应用效果评价提供依据。

——应用免疫学研究。筛选、优化佐剂；完善免疫制剂制备工艺，创制实用新型水产动物免疫制剂，重点研究热诱导的四膜虫表达体系和杆状病毒表达体系，皂甙和铁皮石斛等植物源活性成份、CpG 基序的增强免疫效果，设计新型口服型疫苗和 DNA 疫苗。

功能性饲料添加剂开发：微生态制剂、抗菌肽制剂以及功能性卵黄粉等饲料添加剂可通过改善肠道微生态、提高鱼类基础免疫力等方式提高鱼类的抗病机能，本方向在今后的五年内将开展大黄鱼和鳗鲡等鱼类及其他动物营养需求和肠道微生态研究，在此基础上，构建功能性饲料研发平台，开发微生态制剂、抗菌肽制剂以及功能性卵黄粉等饲料添加剂及其复配制品，并应用于环境营养型鱼用及其他动物配合饲料研发。

9.2.15.4 园艺生物技术

该团队的总体研究目标与研究内容是：围绕 2~4 种具重要经济价值的园艺植物，以改良种球、种苗为方向，进行种球、种苗的分子生物学和植物生理学基础研究，构建具有特色的工程种球和种苗提纯复壮、繁殖及生长发育理化调控技术，熟化形成 2~3 项种球与种苗产业化技术体系，提升该领域科技水平。主要研究方向和内容如下。

园艺植物种苗、种球生长发育基础研究：

——百合鳞茎后熟生理技术研究。研究百合鳞茎的后熟生理，获得适用目标参数，创建百合完整的繁育质量评估体系与标准，并以此为目标创新后熟技术，全面提高种球繁育质量。

——种球与种苗活力技术研究。开展百合种球活力与表达机理的应用基础研究，开展草莓试管苗活力与调控技术研究，提高壮苗效率，指导生产。

——草莓分子特征与抗病资源筛选。进行草莓品种分子特征分析，建立相应技术体系；开展抗枯萎病基因的检测技术研发，选育抗枯萎病草莓品种。

百合、草莓等优良种质资源的引进、保存和综合利用：

——百合种质资源圃建设。扩充百合种质资源，开展种质评价、驯化繁殖、提纯复壮、种球特性、抗性生理、采后处理等研究。

——百合试管鳞茎种质库。建成脱毒和快繁技术体系，对现有的系列母本品种进行提纯复壮和试管资源储备，保障母本正常更新换代。

——高山草莓种苗夏繁基地建设利用。通过高山冷凉气候特点，建立种苗基地，开展脱毒种苗繁殖、新品种培育，满足果农对原种苗的需求。

工程球、苗的产业技术研究：

——百合籽球一体化繁育技术。理顺试管鳞茎形成、脱毒、繁殖、膨大、熟化和抽薹生产之间的技术衔接，形成一体化的产业工艺，实现原种繁育和田间栽培工厂化，形成原种材料的高效创制，解决种球进口的瓶颈。

——东南区域百合种球三级繁育产业化研究。摸清百合种球形成、膨大和发育的基本特性和规律，在本地区域气候条件下，开展"小鳞茎—籽球—种球"三级种球繁育产业化技术研究，建立与进口种球互补的反季节栽培体系。

——球根花卉种球特殊处理技术研究。通过低温层积、热激老化、理化渗调、激素调节、种球包衣、基质调剂、抽薹反促等贮藏处理特殊技术，改善各级种球的品质。

——瓜果蔬菜工程化脱毒种苗质量标准研究。通过性状鉴定、变异检测、抗性生理、活力测定、过渡炼苗等研究提炼可靠的量化指标，建立一系列瓜果蔬菜工程化种苗的质量评价标准，指导种苗生产。

——瓜果蔬菜工程化脱毒苗高效栽培配套技术研究。进行品种选择、设施栽培、水肥管理、病虫害防控等瓜果蔬菜工程化脱毒苗高效栽培配套技术，改善脱毒苗的品质，提高产量。

9.2.16 福建省农业科学院农业经济与科技信息研究所

9.2.16.1 福建特色农业智库研究

通过凝聚学科研究方向、集聚优秀人才梯队、强化脑力激荡机制，逐步形成在省内居领先地位、有较高学术水平的农业经济与管理研究团队，逐步形成有海峡西岸区域特色的农业经济、农业规划咨询、农业科技创新发展的高级智库。

9.2.16.2 台湾农业研究方向

以福建省台湾农业研究中心为基础，突出闽台农村经济政策、科技创新与技术转移模式、农业产销合作组织、现代新兴农业发展策略四大方向的发展比较与两岸合作研究，构建居省内前列、在福建乃至全国有一定特色和影响的区域农业经济尤其是台湾农业问题的软科学研究平台。

9.2.16.3 农业技术转移中心

加强两岸现代农业合作动态追踪，突出对台湾农民创业园和两岸合作农业产业化企业的经营管理指导与技术集成成果推广服务，逐步形成海峡两岸农业合作试验区和台湾农民创业园的技术转移中心。

9.2.17 福建省农业机械化研究所

9.2.17.1 现代农业装备

到 2019 年，建成 1 个现代农业装备科技创新中心，组建"经济作物生产与加工机械化研究""设施农业自动化研究"和"农业机械化装备检测技术与标准研究"科研创新团队，造就一支精干高效的创新队伍，培养一支稳定的农业机械研究团队。围绕提高农业综合生产能力，推进农业产业结构调整，促进农业高产、优质、高效的需求，解决在农业机械化过程的关键共性技术难题。重点开展耕作、种植和收获机械化；粮食作物、果蔬、中药材采后处理和初深加工机械化技术与装备；茶叶生产机械化、食用菌生产机械化和自动化关键技术研究。

9.2.17.2 木工机床与刀具

开展木工机床新产品的试验、研究、设计，重点围绕锯切类、旋切类、车床类、刨床类、砂光类、钻孔类、压力胶合类、表面处理类、油漆涂装类、木材处理类木工机床与木工刀具的研究。

9.2.17.3 汽车零配件

充分利用科研成果产业化的重要载体—福州安远公司汽车电器有限公司，重点围绕汽车仪器仪表、空调控制系统、电器开关、控制模块产品等开展技术创新和科研成果的中试与产业化。

9.2.17.4 智能仪器仪表及信息采集系统

围绕智能仪器仪表、现代化设施农业信息采集与控制等领域开展研究。重点开展四合一智能多功能计量终端（计量、配变、负控、集中器）、建筑能耗分析系统的研究；利用在新能源（太阳能及锂电池）、传感技术（信号采集）、无线信息通讯技术和微电子技术上的优势，重点开展太阳能智能滴灌系统、设施农业信息采集控制系统与经济作物深加工智能化生产线与销售系统信息化等关键技术研究，开拓现代化农业装备新领域。

9.2.17.5 工程机械

结合福建省农业发展方式转变和农业结构调整，重点针对农业基本建设的中小型挖掘机等土方工程机械开展研究。

9.2.17.6　节能环保、新能源设备

根据福建省战略性新兴产业发展方向，重点围绕节能环保、新能源，组织开展研究节能环保型生活垃圾、污水、污泥处理、农业废弃物处理处理设备的研究。针对太阳能、风能等天然资源的转化过程对大功率、小体积的动力电源进行充电的转化的核心技术开展研究，突破制约环保、新能源产业发展的关键核心技术。

9.2.17.7　现代制造工艺及其设备

充分利用科研成果产业化的重要载体——福州安远精密制模有限公司，重点围绕高亮无痕、双色注塑及模内切等先进模具制造技术进行创新，研究开发注塑加工过程数据自动化采集系统，实现自动化、无人化注塑生产，为先进的模具开发、注塑生产技术提供示范推广。利用在焊接、热处理、铸造工艺技术等领域的资源优势，开展新材料、新工艺、新技术的研究应用。

9.2.17.8　电机及泵类产品

结合福建省电机及泵行业发展特点与需求，重点开展高效电机设计、材料和工艺的研究，重点开展泵水力模型优化设计技术与泵系统节能技术研究；针对电机及泵行业关键共性技术，组织开展诊断辅导，帮助行业企业淘汰落后技术工艺，采用先进制造技术，提高工艺和工装水平，通过企业技术创新促进产品结构的优化调整。

9.2.17.9　自动化装备

重点围绕农业设施自动化与农产品在线检测控制设备开展研究。针对福建省的特色水果柚子、柑橘、枇杷、龙眼、荔枝与茶叶等，在包装前，对其进行包括理化、农药残留量、污染物、药物残留量等各项指标在线检测，实现农产品质量安全可追溯。与福建省农业科学院共建联合研发中心，开展智能温室种苗工程化研究。针对汽车零部件、模具等行业产品精度高的技术需求，开展生产过程自动化与在线检测研究，提高企业的生产与产品质量控制水平。

9.2.18　福建省淡水水产研究所

9.2.18.1　养殖品种繁、选育与产业化领域

开展斑鳜、大刺鳅、银盾鱼、棘胸蛙、泥鳅、半刺厚唇鱼等品种苗种规模化生产技术

研究和养殖工艺研究；以现代先进生物技术，开展罗非鱼和泥鳅良种选育；使上述3~5个品种形成育、繁、推一体化的产业技术体系。

优先方向：
——银盾鱼苗种规模化生产技术研究和养殖工艺研究
——斑鳜苗种规模化生产技术研究和养殖工艺研究
——大刺鳅苗种规模化生产技术研究和养殖工艺研究
——半刺厚唇鱼苗种规模化生产技术研究
——罗非鱼耐寒品种的选育
——棘胸蛙规模化养殖工艺的研究

拓展方向：
——鳗鲡新品种引进与养殖技术研究
——泥鳅新品种的选育
——大宗淡水鱼类高效、健康养殖模式研究与应用
——重要经济水生动物遗传多样和功能基因的开发

9.2.18.2 水产养殖动物病害防控领域

对福建省重要养殖品种的重大疾病开展调查与防控技术研究，对病原快速检测技术制剂和免疫防控技术为重点，解除重大病害形成的威胁，形成2~3个制剂可应用于生产；对海水养殖动物进行病害调查与防控技术研究，力争五年内在海水养殖动物病害研发方面赶上省内先进水平。

优先方向：
——鳗鲡疱疹病毒病病原学与防控技术研究
——淡水鱼类出血性疾病病原学与防控技术研究
——寄生虫高效安全药物的筛选与应用
——水生动物疾病快速诊断技术的研发与应用
——海水养殖鱼类疾病调查与主要疾病防治技术研究

拓展方向：
——高效渔用疫苗的研究与应用
——主要养殖鱼类免疫相关蛋白功能研究及其应用
——鱼类重要细胞株的建立

9.2.18.3 水生动物营养与饲料领域

以营养与代谢调控、营养与水产品品质及安全为重点，开展环境友好型高效配合饲料

和功能性绿色添加剂的研发。形成生产应用的制剂或饲料配方 2~3 个。

优先方向：

——名优鱼类品质营养调控关键技术的研究与开发应用

——棘胸蛙驯食人工配合饲料的研制与驯食

——名优品种鱼类绿色添加剂的研制

拓展方向：

——主要养殖品种主要营养参数的研究

——海水鱼环境友好型高效配合饲料的研究开发

9.2.18.4 养殖环境调控与水产品质量安全保障领域

以养殖环境调控技术为重点，开展循环水、微生态制剂、鱼菜共生、水环境关键要素快速检测技术和藻华控制技术研究，形成 1~2 个能广泛应用于生产的水质控制技术；针对养殖过程药物使用情况，开展残留检测技术和药物代谢动力学研究，制定 2~3 个药物安全使用规程。

优先方向：

——水培蔬菜池塘水质调控技术研究与应用

——微生态制剂等池塘水质调控技术研究与应用

——重要养殖对象中的渔药残留检测和药物代谢动力学

拓展方向：

——池塘藻华的调控关键技术研究

——水环境关键要素快速检测技术在水产养殖中应用

——水质关键要素的在线监测技术引进集成应用

——养殖水域水环境关键要素对藻华发生影响研究

9.2.18.5 海洋生物资源利用领域

以海水珍稀品种苗种繁育、养殖技术为主导，突破 3~4 个品种的规模化苗种培育和养殖技术；积极开发海洋活性物质的功能应用，研发出 1~2 个能有效应用于养殖的海洋活性物质。

优先方向：

——海洋生物功能性活性物质的筛选

——海洋生物活性物质海水养殖中的应用研究

——泥东风螺养殖技术

9 重点发展方向

——双线紫蛤规模化苗种繁育与养殖技术

——中国鲎苗种繁育技术

拓展方向：

——海洋生物活性物质的提取

——纯化与制备工艺研究

——西施舌养殖技术

9.2.18.6 水生生物种质资源保护与开发领域

以渔业资源调查为重点，开展增殖放流效果评估和外来水生生物种类的控制，修复生态，保障渔业经济发展。

优先方向：

——渔业资源调查及其增殖放流效果评估

——特色水生生物种类的驯养与增殖技术研究

拓展方向：

——外来生物种类调查及其对鱼类种群结构的影响研究

9.2.19 福建省水产研究所

9.2.19.1 海洋经济生物遗传育种与增养殖

水产经济生物良种培育：采用传统遗传育种与分子育种相结合的综合育种技术，开展定向化和精细化育种（BLUP 育种和全基因组育种），对石斑鱼、大黄鱼、河鲀、凡纳滨对虾、牡蛎、海带、刺参等重要海水养殖生物进行遗传改良，培育适合于福建海区养殖的高产、抗逆、优质的养殖新品种。完善福建现有水产育种技术体系，协助企业建立原良种场。

福建海洋经济生物种质资源库建设：构建水产种质资源保存平台，搜集国内外重要海洋经济生物育种材料，建立种质资源库，开展种质资源的保护和开发利用，开展种质资源遗传分析和评价。

海水养殖生物生殖生物学、生理学和生态学研究：开展重要海水养殖生物生态习性、繁殖习性研究，重点研究养殖生物生殖周期与生殖调控、摄食特性、营养物质的消化与吸收、营养需求与代谢、能量学等，突破人工繁育关键技术。研究人工培育条件下幼体的摄食、生长与发育规律，以及生理、生态和营养需求等。

名特优海水养殖生物规模化种苗繁育技术：开展名特优海水养殖生物规模化种苗繁育

技术研究，包括亲体引进、人工驯化与强化培育，催产和孵化、幼体培育、饵料筛选与投喂、水质调控等，建立苗种培育的工程化、集约化和生态化培育技术与工艺，建立种苗规模化繁育技术体系。

健康、生态、集约、低碳增养殖技术：研发高效、低碳养殖技术，包括池塘优质高效养殖技术、工厂化封闭循环式养殖技术、网箱集约化养殖技术、多营养层次综合生态养殖技术、海洋牧场构建与海珍品增养殖生态工程技术、数字化养殖技术、养殖管理信息系统研究与养殖动态管理等。开展海水养殖生态调控技术研究。

海水观赏鱼人工繁育技术与水族生态系统开发：优化适合海洋观赏鱼繁育的循环水系统，开展海洋观赏鱼虾人工繁育，建立海洋观赏鱼繁育技术平台；研发海洋观赏鱼水族养殖生态系统，最终形成水族生态系养殖。

9.2.19.2 海洋生物资源高值化利用

海洋生物资源利用应用基础研究：开展福建大宗养殖（鲍鱼、海参、大黄鱼、对虾、贝类以及新型养殖品种）和捕捞（低值鱼、虾贝等）水产品的食品成分化学特性、加工适性及其加工过程中的品质（营养、色泽、风味、质构等）变化规律研究，丰富水产品加工基础理论；研究水产品主要内源蛋白酶的结构和特性，建立自溶和可控酶解动力学模型，揭示自溶过程中活性肽与氨基酸的释放规律，建立其综合利用模式。

水产品加工新技术与新产品开发研究：开发水产品系列风味方便食品，丰富水产加工产品种类，提高产品附加值；研究超高压、高压脉冲、磁力和辐射等非热杀菌技术对产品的灭菌效果，建立杀菌和钝酶动力学模型，寻求最佳的产品保藏工艺；研发水产品加工副产物和低值水产品的高值化利用技术，开发海鲜呈味基料、营养食品添加剂等产品。开展水产品加工技术规范的国家标准、行业标准和福建省地方标准的制定和修订。

水产品保鲜保活与流通技术研究：研究水产品低温保鲜过程（冰藏、微冻保鲜、冻结保鲜等）中蛋白质、质构、组织结构等的变化规律；研究化学保鲜、涂膜保鲜、气调保鲜和辐射保鲜等对提高产品品质和延长保质期的效果，寻求环保有效的保鲜技术；研究大宗养殖贝类净化、生态保活及相关的低温保藏技术，完善和规范低温流通管理体系。

海洋功能食品开发技术研究：集成现代生物工程技术和食品加工高新技术，筛选、提取和分离海洋生物活性物质，开发海洋功能食品。开发降血脂壳聚糖功能食品，并通过分子修饰制备高活性的氨基葡萄糖衍生物产品；制备具有抗氧化、抗疲劳、降血脂、护肝等功效的生物活性物质；开发海藻膳食纤维、海藻精粉和褐藻多酚等功能食品；开发功能明确的多糖、多肽、糖蛋白和甾醇类等功能产品，实现生物资源的多元化综合利用。

海洋生物制品开发技术研究：开展环境友好型药用海藻胶生产工艺技术研究；利用现

代生物工程技术，通过海洋生物制品产业化关键技术集成，实现绿色、安全、高效的海洋生物农用制品的产业化生产；开发具有防止化学物质、金属离子等对皮肤的侵蚀及抗辐射、防紫外线、保湿、抗氧化等美容、护肤等功能化妆品；开展海洋生物毒素的高亲和力特异性单克隆抗体与基因工程制备技术研究，开发海洋生物毒素等分子诊断试剂盒产品。

水产品质量与功能评价研究：开展水产品中蛋白质、氨基酸、碳水化合物、脂质、维生素、核酸、酶、生物碱、色素成分、香气成分、呈味成分和产品质构方面的分析研究；分析加工过程中可能出现的营养素变化和损失；研究海洋生物活性物质分子结构。开展产品抗氧化、辅助降血压、辅助降血脂、抗疲劳等功能评价试验和产品稳定性试验。

9.2.19.3 海洋渔业资源保护与利用

渔业资源动态监测与评估研究：开展福建海区捕捞作业动态与渔业资源动态实时监测和资源评估。拓展台湾海峡南北两翼外海作业渔场和彭钓渔场渔业资源动态调查，加强和规范传统渔场资源的开发利用和养护管理，为维护我国在钓鱼岛海域渔业生产的合法权益提供技术支撑。

负责任捕捞技术研究：开展渔具渔法的调查和区划研究，海区捕捞容量调查与评估，制定渔具和网目国家标准，研究鱼类群体行为学，开展渔具渔法对渔业资源和生态环境的影响及改进技术研究，节能降耗渔具渔法改革试验和推广应用，环保型、高性能与功能性渔用材料研发，选择性渔具的设计、幼鱼释放保护、捕捞强度控制、捕捞结构优化调整、生态环境友好型捕捞技术等负责任捕捞技术研究。

海洋牧场建设技术研究：开展海洋牧场建设的规划选址、生境营造、生物增殖和示范区管理等关键技术研究，为福建省海洋牧场示范区建设提供技术支撑。

海洋生物资源保护区的调查与选择规划研究：开展重要经济种类资源现状和环境特点的调查研究，保护和合理利用具有重要经济价值、遗传育种价值或特殊生态保护和科研价值的水产种质资源及其生存环境。重点开展重要经济种类的产卵场、索饵场、越冬场、洄游通道等水产资源重要生长繁育区域的调查与选择规划研究工作，为海洋功能区划的编制和修编提供科学依据。

渔业资源修复技术研究：研究适宜的放流水域、放流种类、苗种规格、苗种容量，完善增殖放流技术体系；开展增殖放流效果评估，重点研究标志与监测技术、增殖放流效果评估技术、放流的生态风险评估技术等。研究不同生态类型水域渔业资源可持续利用与捕捞承载力；研究大型海洋工程建设项目对渔业资源的影响及生态环境的修复技术；研究不同类型渔业资源和生态环境修复技术，提出渔业资源的增殖措施和环境修复对策。应用卫星遥感技术在预测中心渔场位置技术研究；应用电脑芯片甄别渔业资源种类技术；生物多样性水平与渔业资源关联性技术研究；开展台湾海峡主要渔场上升流渔场形成机制研究；利用生物技术对鱼类增殖放流效果评价技术研究；开展人工渔礁增殖效果评价技术研究。

远洋渔业发展关键技术研究：研究我省远洋渔业的共性关键基础问题，围绕新资源和新渔场开发、渔具装备研制、渔情预报3个方面，开展远洋渔具渔法与远洋海域的适宜性研究，对参与开发的远洋海域渔业资源状况进行调查与分析，应用卫星遥感、大数据技术开展渔场的资源分布特点与趋势研究，打造远洋技术服务平台，提高对远洋企业服务能力，通过多途径发挥平台对远洋渔业技术进步的推动作用，实现科技与经济的紧密结合，促进我省远洋渔业可持续发展。

9.2.19.4 海水养殖生物病害防控

海水养殖生物疾病流行病学及病原生物学研究：开展海水养殖生物主要疾病流行过程中的病原体、宿主、环境三者之间相互作用的研究，探索病原的传播以及疾病的流行规律。针对鱼、虾、贝、藻等多种海水养殖生物的细菌性疾病、寄生虫类疾病和病毒性疾病的病原进行分类鉴定，研究其致病性和致病条件、体外培养以及生物学特性，构建闽台海水养殖生物病原保藏中心。

水生动物疫病监控及早期快速检测技术研究：定期对水生动物重大疫病进行监控，采用分子生物学方法研发水生动物重大疫病基因芯片进行快速检测。制备病原特异性单克隆抗体和免疫血清，建立以特异性单克隆抗体为试剂的胶体金免疫层析、ELISA、免疫荧光标记等免疫学快速诊断技术。建立完善以PCR技术、生物芯片技术为基础的病原分子诊断体系。

新型疫苗研制与免疫预防技术研究：通过基因工程的手段，研发重组蛋白和重组DNA技术的新一代疫苗，同时结合疫苗的特点，开发新型高效的免疫佐剂以大幅度提高疫苗产品的免疫原性；根据生产中不同的需要，筛选保护途径和高效佐剂等，使疫苗发挥最大的保护效果；结合疫苗的使用，研究养殖模式和养殖工艺改良与优化方案。

水产新型药物研发与安全用药：开展水产新型药物创制与药物防治技术研究，水产药物代谢动力学及安全用药技术研究。

海水养殖动物抗病功能基因研究：利用基因组学、分子免疫学等技术，从海水养殖动物中鉴定抗病功能基因，通过建立基因多态性与抗病经济性状之间的关联，研究与抗病经济性状连锁的优势等位基因和基因型，通过分子标记技术为定向培育海水养殖动物抗逆新品种提供技术基础。

9.2.19.5 海洋与渔业生态环境研究

海洋生境修复与调控技术研究：重点分析典型河口、海湾生态环境变化规律及其生态环境效应与反馈机理,探讨海洋生态系统对人类活动响应监测与评价技术,建立海洋与渔业生态系统健康标准和生态风险评估技术体系;研究集约化养殖环境自身污染机制,建立养殖环境安全预警评价方法、养殖容量评估方法;研究典型海洋生境(封闭海湾、半封闭海湾、海水养殖环境)生态系统退化、恢复和保护的机理,探索生物修复及微生物资源开发利用技术,通过基地试验和示范,建立典型退化生境综合调控与重建、修复工程技术体系和修复效果评估模式。

海洋污染生态效应与安全评价技术研究:重点开展海洋优控污染物(包括持久性有机污染物、农药、重金属、油类、生物毒素等)对海洋生物毒性效应及其对生态环境影响研究;从分子水平研究有毒物质对海洋生物的毒理机制;开展外源污染物质、养殖自身污染物质迁移和转化规律及其对生态系统影响研究,建立海洋污染生态学安全评估体系。

海洋与渔业生态环境监测、灾害预警与防控技术研究:重点开展海洋与渔业环境监测新技术及污染物的快速检测技术研究;海洋与渔业生态环境监测与评价研究;海洋与渔业生态环境污染诊断、现状评估及成因分析研究;海洋与渔业灾害(赤潮、环境污染等)的预测、预警和防控技术研究。

海洋工程环境影响评价研究:开展不同类型涉海涉渔工程对不同类型重要渔业水域海洋生物资源及生态环境影响专题研究;分析不同类型涉海涉渔工程污染特征;探讨入海污染物总量控制和减排技术;构建相应的评估模式;探讨海洋功能区、保护区选划方法;研发海上环保设施,并提出相应海洋环境保护技术措施。

9.2.19.6 水产品质量安全研究

水产品中污染物高效检测技术研发:研发高效多组分残留的检测确证技术、高效、简捷、经济的样品前处理技术、现场快速测检测技术等;重点开展未知污染物的筛查甄别技术、复杂基质样品中污染代谢物及形态的分析确证技术,构建污染物谱库;水产品质量安全标准化技术研究。

水产品中危害因子评价研究:开展农药、渔药、化学投入品、环境污染物代谢动力学研究,研究污染物在养殖水生生物体内的吸收、分布、浓度变化、代谢速率及残留量的变化规律;污染物生物可利用性及其危害评估,农药、渔药、持久性污染物、生物毒素经加工、人体消化后的残留规律,评估水产品中污染物残留的人体可接受性;海洋生态环境中的污染物残留的对海洋生物质量安全影响评价研究,研究海洋持久性污染物、环境内分泌干扰物的消解、迁移、转换和累积等环境行为,经济海洋生物对海洋生态环境中污染物的直接富集及通过食物链传递的放大累积。

水产品质量安全风险评估与控制技术研究:水产品中污染物的识别、暴露和风险评估研究，对较大隐患开展风险评估，建立风险评估数据库，引导安全生产和健康消费；开展风险隐患排查、风险预警、跟踪检测。运用危害分析和关键点控制方法，对水产品养殖全过程中的危害风险进行确认、分析、控制，建立有效和可行的控制技术规范体系。

9.2.19.7 海洋工程装备与技术

海洋高端装备研发：发展海水淡化设备研发与制造、游艇帆船设计与制造、船舶防腐材料、特种船舶、高性能海工辅助船等领域。重点研发基于防灾减排的港湾海域水产养殖产业升级关键设施与装备、湾外近岸及其海岛周边海域高效安全养殖设施与成套装备；开展节能低碳的工厂化循环水养殖设施与装备及其运行稳定性、可靠性技术研究，开展工厂化循环水养殖水环境监测系统和污（废）水资源再利用等技术研究与装备研发；开展池塘集约化生态养殖设施、养殖废（污）水处理与资源化利用技术与装备研发等。

海洋能利用装备研发与防灾减灾工程技术研究：重点开展兼具防灾减灾功能的新型波浪能发电技术与装备（或兼具波浪能发电的新型浮筏式防灾减灾消波堤）研发；积极追踪世界潮汐能发电与装备开发技术，开展关键技术试验研究；积极开展湾外近岸及其海岛周边海域高效养殖防灾减灾工程与装备技术试验研究。

海水综合利用装备与技术研究：研究和开发以满足海岛居民及海上作业船舶人员生活用水供应为目标的小型海水淡化技术与装备，包括新能源利用及其与淡化装备耦合技术、新型海水淡化能量回收装置、海水分级淡化技术、小型海水淡化机可靠运行技术、海水综合利用技术及其示范应用等。

水产品物流装备与技术研究：重点开展活体水产品长距离高密度运输的装备与技术试验研究；积极开展基于活水产品宅配（快递）的微型水产品保活装置与技术试验研究；积极研发经济适用型的海洋废弃物（如贝壳）资源化利用前处理与运送装备与技术；积极研发海洋污染生物（如大米草、浒苔等）等清理与无害化（资源化）处理装备与技术；积极开展与现代水产加工新技术相适应的水产品加工机械与设备试验研究。

远洋渔船节能减排及捕捞机组（具）研发：收集并跟踪世界最新的船机桨匹配理论、大功率 LED 灯和太阳能电池等技术进步进展等，积极开展与现代远洋渔船最优化匹配的渔船主机和推进器研究；在技术比较成熟（成本降低）时开展远洋渔船应用可再生能源的技术与装备研究；开展大功率 LED 灯在远洋渔业上的应用与示范研究；积极研发远洋渔业主要作业捕捞机组（具）。

9.2.19.8 海域海岛保护与开发利用研究

重点港湾、河口水文、地理信息数据库建设及应用研究：开展重点港湾、河口的海洋水文、地理信息调查，收集调查海域海洋水文、地理信息历史数据和资料，建立基础信息数据库。了解重点港湾、河口各个时期的开发利用情况，分析开发利用与基础信息的动态变化关系，冲淤环境演变趋势，研究开发利用对港湾、河口水动力、冲淤环境变化的不利影响，开发利用红线及环境承载力，提出保护措施，为重点港湾的保护和开发利用及管理提供技术支撑。

重点海岛开发利用综合评价、资源价值评估与开发利用规划研究：开展重点海岛的经济社会、自然资源、生态环境调查，利用遥感技术建立海岛开发利用现状动态监测系统，选择适宜的海岛开发利用现状评价方法，开展基于GIS的海岛生态（敏感性、脆弱性等）评价、海岛开发利用现状及海岛资源的综合评价。分析海岛自然资源条件和生态环境特征，评估海岛资源价值。综合海岛资源价值评估成果和现状综合评价结论，提出海岛保护措施、开发时序和开发红线，科学规划海岛开发利用。

重点海湾海岛地质灾害评估及防治技术应用研究：开展重点海湾、重点开发海岛地质灾害调查，绘制地质灾害分布图；开展涉海工程及其开发活动对海岸线演变、地质稳定性的影响分析，选择适宜的评估方法，开展地质灾害评估和防治技术应用研究，提出地质灾害防治措施。

海域海岛保护和开发利用管理政策法规研究：开展海域海岛现状核测、动态监测技术标准研究，探讨海域使用管理存在问题，开展海域资源可持续利用评估、开发动态评价、开发潜力评估、开发保护管理和优化配置与海洋功能区划的协调性发展规划、海岸线保护与开发利用管理政策研究。

9.2.20 福建省闽东水产研究所

9.2.20.1 水产生物育种、养殖与营养

水产种业创新和产业化：在进行主要经济鱼类（如大黄鱼、黄姑鱼、鲈鱼等）和大宗藻类（海带、紫菜）、贝类（缢蛏、鲍等）规模养殖的同时，开展种质库建设、良种选育、良种示范推广及饲料营养、病害防治等研究，并制定相应的养殖标准，提高养殖良种覆盖率，提高水产品的品质和产量，明显增加养殖效益，以推动种业创新和产业化发展。

健康高效养殖模式的研究与开发：立足生态保护，开展适宜福建沿海的围网、湾外深水抗风浪网箱以及高位池塘、陆基工厂化循环水等健康高效养殖模式的系列研究，包括设备、饲料营养、养殖工艺等综合配套技术，并制定相应的技术规程、规范，从而指导生产，改善养殖结构，促进养殖业的健康可持续发展。

海水鱼类绿色无公害饲料的开发与应用：针对传统的直接投喂鲜杂鱼养殖方式，着力

研发适应海水鱼类生长的新型高效、低碳环保的颗粒饲料，逐步替代鲜杂鱼饵料。使研发的饲料能根据鱼不同生长阶段的营养需求调整营养水平，从而提高饲料效率，降低成本，明显减少养殖对鲜杂鱼的依赖性，同时还能减少疾病发生，减少残饵对海区水质的污染。

9.2.20.2 水产生物病理学与病原生物学

病原体与环境因素和宿主抗病力等的相关性研究：通过对多发、危害大的病原体（细菌、病毒、寄生虫）的形态学、生态学和分子生物学以及其环境条件、宿主特性的研究，明确它们之间的相互联系，从而制定出健康、有效、易操作的病害防控措施。

药物防治病害效果的研究：研究各常用渔药对不同水生生物病害的作用机理，针对目前水产养殖中的常见病害，筛选出安全、高效、速效的渔药以指导和应用于渔业生产。

9.2.20.3 水产品加工

海水鱼类精深加工技术与工艺研究：针对目前海水鱼类加工品多是冰冻、半干或腌干制品，且加工的副产物如鱼卵和鱼鳞和等宝贵资源没有进一步开发利用的现状，通过引进人才和技术，或与企业、高校大所合作，开展海水鱼类高值化和精深加工综合利用，有效延长海水鱼类的产业链、提高养殖鱼类的附加值，提升产业的经济效益。

海藻精深加工技术技术与设备研究：同时通过对紫菜、海带等海藻加工设备的改进及其精深加工技术的研发和应用推广，提高产品附加值，延长海藻产业链，加强海藻加工产品的市场竞争力。

9.2.21 福建省农业区划研究所

围绕"十三五"时期福建现代农业产业体系建设重点、关键领域，以提升全所科研能力和为现代农业发展服务为宗旨，以着力解决农业发展的基础性、全局性、关键性重大科技问题为出发点，统筹研究领域，明确主要任务和重点方向，调整、优化结构，加强农业规划与区划、农业可持续发展、农村微观经济调查、农业数据库建设等重点领域研究，以及深化蜂斗菜等系列研究。

9.2.21.1 农业规划与区划

组织开展省内区域农业发展规划研究：协助完成"十三五"农业发展规划，组织开展数据收集、整理、分析，为规划的制图、制表提供技术支撑；开展福建省农业可持续发展区划研究，以县级行政区为基本单元，综合分析各地区农业可持续发展基本条件和主要问题的地域空间分布特征，应用主成分分析或聚类分析等定量方法，研究制定农业可持续发展区划方案。

9.2.21.2 农业可持续发展

以现代农业可持续发展为主题，开展规模养殖与生态环境保护、循环农业模式、粮食安全保障体系、农村劳动力问题与对策、土地规模经营等课题研究。

规模养殖与生态环境保护研究：以生猪为主要研究对象，通过对规模养殖资源与条件、区域布局、废弃物处置与利用方式、环境保护对策措施等分析研究，提出符合福建省情，兼顾产业发展和生态环境保护的规模养殖发展道路及模式和政策建议。

粮食生产经营主体变化与粮食安全关系研究：深入分析福建省粮食生产经营主体的变化情况和演变趋势，分析其对农业基础设施建设、农业社会化服务、新品种与新技术应用、粮食市场供求与价格形成等方面的有利与不利影响，阐明粮食生产经营主体变化影响我省粮食数量安全、质量安全的途径和机制，研究提出随着粮食生产经营主体变化、确保福建省粮食安全的对策措施。

农村劳动力问题与对策研究：通过对我省农村和农业龙头企业劳动力进行典型调查，发放调查表，了解我省农业劳动力现状，分析分工、分业的背景下劳动力需求，总结近年来各地培育新型职业农民的实践探索，研究提出加快培育新型职业农民、保障农业经营后继有人的具体途径和政策措施。

土地规模经营问题与对策研究：评价福建省土地规模经营现状，总结土地规模经营主要模式，分地区研究农业资源对土地规模经营的有利条件和不利因素，选取若干典型地区，深入实地开展调研，采用定量和定性相结合的方法，分析影响土地规模经营的主要原因以及存在的主要问题，有针对性地提出促进土地规模经营的对策和建议，为政府制定相关政策提供参考。

循环农业发展模式研究：根据国内外农业循环经济成功的发展模式，紧密结合福建省各地的自然条件和实际情况，研究确立适宜福建省的农业循环经济发展模式，每种模式选择典型示范点，总结示范提升后在全省推广，以推动农业循环经济的发展。

9.2.21.3 农村微观经济调查与数据库建设

根据福建省的农村经济地理特征和农民收入情况，将全省分为若干类区域，在各区域中抽取若干个县、乡镇、村，从中抽取一定数量的农户，针对家庭基本情况、家庭生产情况、家庭收支情况、农户对农产品流通和技术服务的需求、农户对村庄治理的参与及评价等问题开展问卷调查。在农村微观经济调查的基础上建立专题数据库，为制定农业和农村发展政策方针提供数据支持。

9.2.21.4 蜂斗菜相关研究

在《蜂斗菜新品种选育技术研究》《"亚达 1 号蜂斗菜"标准化栽培及示范推广》《优质高产蜂斗菜新品种亚达 1 号示范推广》《蜂斗菜栽培标准制定及推广应用》等系列研究的基础上，继续开展蜂斗菜的相关研究，推进蜂斗菜产业化建设。

9.2.22 福建省热带作物科学研究所

9.2.22.1 果树部分

柚类种质资源收集、保存与评价研究；琯溪蜜柚的植保、土肥等相关栽培配套技术的研究与推广；柠檬种质资源的收集、保存、鉴定评价与筛选，同时，开展优异柠檬种质生理生化方面研究；香蕉选育种。

9.2.22.2 蔬菜部分

开展芦笋选育种研究；开展茄科蔬菜设施反季节栽培技术研究工作；辣木的引种试种工作，选育种及栽培技术研究。

9.2.22.3 花卉部分

野牡丹科植物种质资源的收集、鉴定评价与利用及选育种研究；赫蕉植物种质资源的收集与创新应用研究；热带花卉生理生化及分子育种研究。

9.3 医药卫生（4 所）

9.3.1 福建省中医药研究院

9.3.1.1 经络感传研究

在前期经络感传方面的研究基础上，继续开展循经感传现象的探讨、循经感传显著者的基因多态性研究、感传灸研究、针刺过程中经脉线上能量代谢的变化和相应脏腑功能的变化的观察等方面的研究，揭示循经感传的实质。今后五年科研方向：循经感传现象的研究、循经感传的机理研究、循经感传与临床针刺疗效关系研究。

9.3.1.2 应用基础研究

中医药防治失眠的临床及机制研究：建立起具有中医特色的失眠专科模式，包括拟定失眠的中医诊断标准、辨证施治规范、临床实用技术操作规范、疗效评定标准等全国规范；建立起中医药睡眠客观化研究的实验平台研究系列，承接睡眠障碍药物的疗效验证及机制探讨委托。今后五年科研方向：翔实地采集失眠患者临床资料，拟定中医、中西医结合失眠的特色管理模式，完善特色失眠专科门诊内容规范的诊断；对有效方剂、方法进行筛选，研究多种疗法有机配合的疗效优势，探索出适合不同患者治疗模式，提高疗效；对既往的实验动物模型加以系统分析和比较，为临床药理实验提供可靠的技术支持；进一步揭示睡眠的生理病理机制，并为有效方剂的推广提供可靠的科学依据。

中医药防治骨质疏松机制研究：骨质疏松研究团队将从骨质疏松的流行病学、中医证候及治疗、骨转换生化标志物、基因组学和蛋白质组学等方面，筛选、探讨骨质疏松中医证候的关联基因及其介导信号通路的调控机制，研究对关联基因具有靶向调控作用的miRNA，研究构建骨质疏松症肾虚证基因动态调控网络及机制，研究中药治疗骨质疏松的分子机制，找出有助于临床诊断、治疗的分子标记物，开展防治骨质疏松中药新药的临床前研究。今后五年科研方向：续苓健骨汤防治骨质疏松症研究；骨质疏松症肾虚证基因动态调控网络的构建与干预；骨质疏松中医证候的分子调控机制。

中医临床证候疗效评估与中药合理性应用研究：临床科研平台具有贴近临床一线的优势，团队均由从事临床工作多年的医务工作者担任，在临床中药的应用研究方面有一定的经验积累。在中医肿瘤科、心血管内科、消化内科、神经内科等多个专科方面也颇有特色，疗效肯定，为中医临床科研提供了较好的平台。今后五年将以中医临床证候和中药临床应用为研究对象，开展部分病种中医证候的机制研究、中医治疗临床疗效评价、中药合理性应用等相关研究。

9.3.1.3 药物研究

中药新药临床前研究科技创新平台拥有两个较为成熟的研究方向："中药创新药物研发"和"福建特色青草药筛选与评价"，从事中药/天然药物药效物质基础及机制研究，开展中药干预心脑血管疾病的作用及机制研究及闽产道地药材太子参的质量标准建立、药效评价、保健品开发、"闽产中草药抗肿瘤有效成分的提取分离及药效作用机制研究"工作，对多种闽产道地药材如藤茶、肿节风、雷公藤、白花蛇舌草等进行提取分离及其抗肿瘤药效评价，开展闽产民间药物及特色方药的普查、筛选和药效及安全性评价工作。今后五年科研方向：中药及复方中药新药研发；闽产道地药材和闽台特色青草药研发；抗肿瘤药物研发。

9.3.1.4 中医药科技产业平台

功能性产品及食品保健品研究开发：科技产业团队以功能性产品及食品保健品为研究开发方向，开展对外技术投资、技术服务、横向合作及承担各级科研课题，逐步形成实验室研发—产品中试—规模化生产为一体的功能性产品研发产业链。今后五年科研方向：研发1~2项拥有自主知识产权的保健食品；和企业合作申报1~2种道地药材（余甘子、栀子、青果），挖掘开发1~2种民间验方；完成2个产品的剂型牛樟芝微囊、牛樟芝肠溶片的开发；研发导眠仪、五行音疗、睡眠枕及助眠敷贴等中医药防治失眠产品。

中医针灸类医疗仪器研制：开展中医针灸类仪器的创新研究，从电针仪的电针参数输出的数字技术控制、电针仪的电针参数与疗效关系、火罐的非燃火装置及内压控制、火罐内压与症候疗效关系、针灸类教学科研仪器等研究/研发。今后五年科研方向：开展针灸类仪器物理量的控制设备的研究；开展针灸类仪器物理量的品质监测设备的研究；开展针灸类仪器物理量与疗效的关系、刺激与机体效应以及与疗效关系规律研究；开展针灸类仪器的教学科研设备的研究。

9.3.2 福建省医学科学研究院

9.3.2.1 道地药材的物质基础研究

着重品质评价和质量控制方面，"十三五"期间，重点开展泽泻、黄葵等中药降糖机制研究，采用基因组学或肠道菌群基因组方法，分别从胰岛细胞增殖、凋亡与新生及胰岛素抵抗角度进行探索。力争三年内获得国家自然基金1项，并发表IF达3分以上的SCI论文1~2篇。

9.3.2.2 雷公藤新剂型和适应症的开发

重点放在雷公藤内酯醇生物贴治疗类风湿性关节炎的临床前的研究。雷公藤内酯醇控释纳米涂膜剂用于皮肤鳞癌的研究以及雷公藤内酯醇纳米脂质体抗宫颈癌效应及其诱导细胞凋亡等作用探究。"十二五"期间课题经费投入237万元，发表学术论文15篇，授权国家发明专利4项，获得省科技进步二等奖1项。"十三五"期间，重点着眼雷公藤免疫抑制机制发现新组分和进行结构改造，就器官移植中的应用开展动物实验研究。

9.3.2.3 肿瘤免疫学研究

主要方向为消化道肿瘤分子机理研究和预警，涉及食管癌差异蛋白质研究新策略和微量元素引起胃癌的机制。"十二五"期间共投入 18 万元，发表学术论文 4 篇。"十三五"期间，将利用自体的树突细胞来有效地表达可以吸引 T 细胞的化学因子 CCL21，辅助 CAR－T 细胞对实体瘤进行模拟临床治疗，并测试用不同的生物医学材料来更好地投递树突细胞到肿瘤。

9.3.2.4　干细胞研究平台的建设

主要的工作集中在胚胎干细胞源造血干/祖细胞移植与移植后早期造血、胸腺输出功能评价及免疫重建。"十三五"期间，将研究 I 型糖尿病胸腺免疫耐受机制，并分别从胰岛细胞增殖、凋亡和新生角度及胰岛素抵抗角度进行中药降糖机制研究。

9.3.2.5　疾病分子检测技术和个体化用药研究

在推进遗传性耳聋基因筛查基础上，重点关注临床、企业的需求，发展相应的医学检验项目，将开展基因检测技术在肿瘤、心脑血管疾病和感染性疾病等重大疾病防治上的应用，促进新基因检测技术的开发与应用。鼓励中青年科研人员在药物设计和合成、线粒体疾病发生发展机制、临床药理和毒理学以及中药资源开发和应用等领域的研究，在经费上给予基本扶持，打造医科院可持续发展的引擎。

9.3.3　厦门大学抗癌研究中心

9.3.3.1　重点学科建设与优势研究领域的发展

消化道肿瘤基础与应用研究是抗癌研究中心的重点建设学科与优势研究领域，也是中心在"十三五"期间唯一的重点建设与发展的重点学科与优势研究领域。中心将利用公益类专项经费与仪器设备专项经费，在"十三五"期间，持续重点支持围绕消化道肿瘤基础与应用研究这一重点学科的两大科研团队：一是以胡天惠、宋刚教授为主的消化道肿瘤分子基础与应用研究团队；一是以颜江华、李东辉教授为主的消化道肿瘤分子诊治新技术研究团队。充分利用厦门大学综合性大学的资源优势，促进基础与基础，基础与临床学科间的交流与合作，促进研究机构与企业交流与合作，力争建立一个以中心消化道肿瘤研究团队为核心的消化道肿瘤转化医学创新研究中心或平台，并力争申报获省、市级立项支持。

9.3.3.2　平台建设

重点加强消化道分子肿瘤学研究平台与分子检测技术研究平台建设，为科研和技术服务提高良好支撑。

9.3.3.3 成果转化与技术服务

积极推动产学研结合、促进专利成果产业化；推动基于抗体技术服务平台和分子病理平台的技术服务；实现2~3项重要科研成果的技术转化，为福建省的社会和经济发展做出更大的贡献。

9.3.4 福建省人口和计划生育科学技术研究所

9.3.4.1 组建科研平台

组建国家卫生和计划生育委员会委级《非人灵长类生育调节技术评价重点实验室》，完善非人灵长类动物实验技术服务平台。

9.3.4.2 基础研究和应用研究

重点开展人类疾病动物模型的建立及生殖生物学研究、生育调节基础及应用研究、新型避孕节育技术及药器具推广、落实"流产后计划生育技术服务（PAC）"推广、药代动力学及药效学试验研究、分子遗传学研究、生殖健康普及教育模式研究。

9.4 其他领域（8所）

9.4.1 福建省计量科学技术研究院

9.4.1.1 建成全国唯一的高精度载荷测量仪检定装置

依托国家重大科技专项，建成全国唯一的高精度载荷测量仪检定装置，并就目前的国家计量检定系统表进行修订，影响深远。同时将以"60MN叠加式力标准装置重点实验室"为依托，开展力值的量值传递、进行相关标准和技术规范的研究与制定，同时，全面覆盖力值计量领域里标准测力仪、负荷传感器、大吨位千斤顶等产品的质量检验，对其性能进行深入研究，不断提高其产品质量和性能，为工业的持续快速发展提供强有力的保障。

9.4.1.2 依托在建的三个国家中心提升科研能力

（1）提升光伏产业计量测试水平

加强计量测试服务公共平台建设，在完成国家光伏产业计量测试中心筹建的基础上，进一步加强光伏产业计量测试的科研开发，预期将在太阳电池/组件转换效率测量、参考太阳电池的微分光谱响应法（DSR）、太阳模拟器校准装置、光伏组件可靠性与耐久性研究、光伏电站电能质量测试等测量仪器研制、测试技术研究及平台建设等方面有所突破。

（2）完善能源资源计量服务体系

按照"数字福建"综合应用平台建设要求，以完善福建省能源计量数据公共平台为重点，进一步加强国家城市能源计量中心（福建）建设。加快制修订一批急需的产品能耗限额标准、用能产品能效标准、建筑能耗标准。支持计量及相关节能技术机构开展能效评价、能效测试及能效标识检测等节能技术服务，促进节能服务产业的发展。

（3）依托蒸汽流量实流标准装置建设国家蒸汽流量计质检中心

开展蒸汽流量的量值传递，加强蒸汽流量计技术研究，积极组织相关的标准研究与制定，设立开放式实验室，使之成为蒸汽流量技术交流中心、蒸汽流量计量器具研发合作平台及蒸汽流量计技术人才培养基地。

9.4.1.3 依托成果推广转化平台服务经济社会发展

重点支持研究成果具有产品化前景的科研项目，对历年完成的科研成果进行梳理，推出一批对提升我国计量服务能力和检测技术水平的产品，将通过纸媒、新兴媒体推广宣传推广转化产品，加大推广力度，进一步打开市场，提升产品知名度和市场占有率。借助"国家质检科技成果转化基地"平台构建"检产学研"相结合的计量科技创新体系，参与计量科技成果转化，推动计量器具产品质量提升及产品更新换代，提升计量科技创新水平及服务能力，提高我省企业整体计量技术水平。

9.4.1.4 应急研究计划

围绕福建省重点产业、战略性新兴产业的检测需求，研究相应计量测试技术，制定产业计量急需的产品标准，研发产业专用检测、测试装置的研究，以满足产业技术创新对计量技术和方法提出的新需求。

9.4.2 福建省科学技术信息研究所

9.4.2.1 开展面向决策支持的科技情报研究

针对福建省科技、经济和社会发展中有重要应用前景或重大公益意义的研究内容，开展决策性、前瞻性、战略性情报研究，加快建立专业化、权威性的科技战略研究服务系统，构建特定领域产业专业化的情报研究平台，推进福建省战略性新兴产业情报研究，为政府部门、科研部门和企事业单位出思路、出战略、出对策措施等，做好政府的"智囊"和"思想库"，展现科技情报工作的高端价值。

9.4.2.2　开展科技文献分析研究

以科技文献和专利数据为基础，运用定性和定量相结合的系统分析和论证手段，创新情报研究方式和手段，跟踪世界科技发展前沿，分析科技发展动态与趋势，为领导、管理、科研和生产决策提供具有超前性的决策参考。

9.4.2.3　加强条件与平台建设

开展文献信息资源及网络平台建设与运维技术研究；进一步加强基础科技信息资源及平台、事实型数据库建设；加强省信息网络重点实验室、计算机软件测试实验室建设；加强面向中小企业的科技服务平台建设；加强支撑业务工作需要的手段、平台建设。

9.4.2.4　开展台湾科技与产业发展研究

加大台湾科技文献资源建设力度，充分发挥福建台湾文献信息中心（科技馆）资源优势和人才优势，强化台湾科技产业竞争情报的收集与研究。通过扩大交流与合作，丰富现有的信息服务与情报研究产品，提升研究水平，凸显省内台湾科技产业情报研究的主导地位。

9.4.2.5　加强情报技术、信息技术与信息化技术研究

深化大数据环境下的情报技术研究，在信息服务和情报研究中，应用云计算技术、网络技术等信息技术手段，加强关键技术的研发。对目前网络环境下信息的产生、交流和分布模式、手段进行分析和研究；开展数据挖掘、高精度全文检索、知识搜索、高级服务手段、信息推送、数据库建设等技术的研究和应用；加强信息传播技术，尤其是多媒体信息收集、制作、存储、传播等相关技术的研究。

强化大数据环境下的网络安全技术研究和产品开发、服务；加强软件测试技术、平台研究和建设；加强信息工程监理技术与相关标准研究；继续围绕福建省制造业信息化工程，加强福建省生产力促进中心公共技术服务平台建设，开展工业设计产业创新重点战略联盟建设，开展企业信息化技术研发与服务。

9.4.2.6　开展提高承担政务延伸工作支撑能力研究

加强电子政务相关技术研究，加强网络技术、网站运维管理以及其他相关技术的研究与应用，解决信息化应用系统性能评估优化、网络安全、服务集群管理、数据库管理优化

等方面的关键技术，提高保障服务水平。

开展科技评估技术与方法研究，围绕评估方法、评估指标体系、评估模型等方面深入研究，实现创新。开展科技统计数据的收集加工整理和数据库建设，开展新的科技统计方法、新的科技统计指标研究。加强科技统计与情报研究工作的有机衔接，开展科技统计分析、数据挖掘等。

9.4.3 福建省环境科学研究院

根据实际情况，确定未来五年环境科研优势领域为：流域和近岸海域污染防控、大气污染防控、环境政策、环境标准、清洁生产与循环经济、环境工程重点实验室建设。

9.4.3.1 流域与近岸海域污染防控领域

着重关注开展水污染综合管理与污染治理、饮用水安全保障、近岸海域环境保护等领域的研究。

流域性水污染控制技术研究：研究重点流域水污染物总量控制与分配技术；研究重点流域和典型湖库水环境综合防治技术和生态安全，特别是富营养化防控和水华藻调控技术研究；重点在闽江、九龙江、敖江和环境敏感区等开展流域水环境管理技术集成与应用研究；开展"十三五"污染物减排及水污染总量控制体系研究。选择具有战略意义和重大污染问题的水源地，以水源水质改善与生态保护为核心，开展饮用水源地污染控制与生态修复研究；建立饮用水源地风险源数据库，研究饮用水源有毒有害物质的污染特征。

近岸海域污染防治研究：研究近岸海域环境容量与总量分配利用技术和近岸海域污染控制与生态保护对策；研究近岸海域环境容量与排污口优化布局。

9.4.3.2 大气污染防治领域

在大气环境质量安全研究方面，着重关注城市化进程中的大气复合污染、大气环境容量和污染物总量控制、重点行业大气污染控制技术的研究。

区域大气污染综合控制与管理技术研究：开展区域性大气环境容量与污染物总量分配技术研究；研究经济快速发展区域城镇空间布局、产业布局、能源结构等对区域大气环境质量的影响与调控技术和对策；针对沿海重化工基地、山区工业基地等区域特点，选择福州、厦门、泉州、三明、龙岩等典型城市群区域，开展区域特征性大气复合污染来源、成因、控制对策研究与示范；开展污染物减排及大气污染总量控制体系研究。

城市大气环境质量改善技术研究：研究重点城市大气灰霾、细颗粒与超细颗粒、挥发性有机化合物（VOC）来源、形成机制、主导因素、转化机理及其控制对策研究；研究城市多污染物复合污染成因解析技术和空气质量分类技术；开展机动车排放与大气质量关系研究。

9.4.3.3 环境标准

以污染减排、空气质量改善、流域水安全保障、土壤环境安全等影响科学发展和损害群众健康的突出环境问题为重点，组织编制并修订有关环境标准与技术规范，积极参加国家行业标准、地方性标准及有关技术规范的研究制订工作。

水污染物排放标准与技术规范：结合环境保护重点需求、行业污染物种类及排放分担率，开展造纸、合成氨、制革、纺织染整等行业的重点水污染物排放标准制修订工作，着重开展氟化工行业污染治理工程技术规范、合成革与人造革行业污染治理工程技术规范制订，强相关行业化学需氧量、氨氮和有毒有害污染物排放控制。

大气污染物排放标准与技术规范：结合环境保护重点工作需求、行业污染物种类及排放分担率，优化整合我省大气污染物排放标准体系，开展锅炉、工业窑炉等设备产生的重点大气污染物排放标准制修订工作结合。加强对相关行业二氧化硫、氮氧化物、颗粒物的排放控制，加强对相关行业重金属、挥发性有机物和持久性有机污染物的控制。

土壤环境风险防控与土壤修复技术规范：以保护人体健康为目标，以健康风险评估为手段，启动污染土壤风险评估、场地土壤环境风险评价筛选值、污染场地土壤修复目标值确定等技术规范研究制订工作，初步建立适应福建省的工业污染场地环境风险管理与污染控制标准体系。

9.4.3.4 环境政策研究

根据中央和福建省委确定的生态环境保护领域改革重点，研究提出福建省生态环境领域改革主要内容、时间表和路线图，研究与历史性转变相适应的环境保护新体制、新机制。

开展生态文明示范建设工作模式与推进机制研究，为深入实施生态省、生态文明先行示范区建设提供借鉴。开展完善环境保护目标责任考核、污染物排放总量控制等创新制度的研究；开展环境资源有偿使用和生态补偿机制研究；开展污染防治投融资政策的研究；开展排污权交易研究；研究绿色贸易、绿色信贷、绿色保险等环境政策；开展饮用水源保障管理政策体系研究。

9.4.3.5 清洁生产与循环经济领域

着重关注各行业、各地区发展循环经济的需要，研究重点行业循环经济关键技术、试点建设区域循环社会模式。会同有关部门制订清洁生产规范性文件，加强对清洁生产的技术指导。以石化、冶金、煤炭、电力、化工等行业为重点，在福建省重点企业之间开展以资源能源的梯级利用和废物的循环利用为重点的产业链接技术研究；研究不同行业的产污水平和清洁生产技术水平，参与制订行业清洁生产标准，近期着手开展平板玻璃行业清洁生产评价指标体系的研究。

9.4.4 福建省测试技术研究院

9.4.4.1 政策性研究

根据科技创新服务的科技基础条件平台建设需要，开展运行模式、管理方式绩效评估等方面的政策性软科学方面研究。

9.4.4.2 基础研究

开展方法运用基础研究，包括应对检测市场需求分析与预测，进行的各类检测新方法开发研究，尤其是涉及食品安全和环境安全方面的测试方法研究，积极参与行业标准、地方标准和国家标准的编制。按国家实验室合格评定委员会（CNAS）要求进行的扩项工作、能力验证与比对，以及因单位的服务市场开拓需要而进行的储备性方法研究等，为中小企业科技创新提供测试技术支持。

9.4.4.3 应用研究

开展产业化研究，如智能化的检测仪器的研发，药残留快速检测方法的研究与应用等快速检测技术的应用研究等。加强（新）材料、环境（污染控制与治理）、人口与健康（食品质量安全、医学检验）、农业（农产品加工）、公共安全（司法鉴定）等方面的共性技术运用开发研究。

9.4.5 福建省标准化研究院

以社会需求和市场为导向，强化标准的的顶层设计、规范和引导性作用，创新标准化工作机制，形成政府、企业、行业协会、高校和科研院所的联动发展，集中优势资源，着力福建省解决经济与社会发展中的标准化热点和难点，通过先导性、创新性标准研制和应用，推动福建省产业竞争力和社会管理水平的不断提高。

9.4.5.1 标准信息整合与云服务技术研究

以标准馆藏数据资源为基础，整合组织机构代码和商品条码信息资源，采用数据挖掘技术手段和"云模式"管理相结合的方式,组成基于福建省商品条码信息数据库、组织机构代码数据库和福建省标准信息服务数据库的公共服务云,实现真实可信的主客体基础数据、主客体产品特征属性等权威信息的在线检索与引用。开展标准数字化全文检索技术研究,扩大模糊检索范围,增加检索精确度,为标准比对、信息提取、大数据加工提供技术基础,提升标准信息化水平。围绕福建省经济发展和转型升级的要求,完善服务机制,开展广泛合作,打造智能化信息服务产品,提升服务的有效性和便捷性;开展特色产业平台和数据库的开发建设,为政府、企业、检验机构提供技术支持,提升标准对福建省经济发展的贡献率。

9.4.5.2 重点领域标准化应用研究

开展重点产业或政府及社会关注热点标准化研究,为政府管理提供标准化视角、为产业转型提供标准化路径、为企业发展提供标准化解决方案。重点包括如下。

标准化应用基础研究:开展标准化体制机制改革的配套措施研究,推进联盟标准、团体标准应用基础研究;围绕企业产品和服务标准自我声明公开制度改革,研究破解实践中问题和困难解决的新机制、新路径。分析标准在驱动产业升级以及促进经济效益与社会效益提升方面的作用,开展标准与技术、标准与专利、标准与质量、标准与品牌、标准与科技成果转化政策与机制以及标准实施验证等研究,推动产业、质量、标准的持续健康发展。

节能减排标准化研究:针对福建省重点行业,开展循环经济和节能减排标准化研究,对国内外能效标准进行跟踪比对研究,重点针对 EUP 指令、美国联邦法规、能源之星等,借鉴经验,融合实际,提出一套资源再利用、节能降耗、环保的标准制定实施相关技术标准的具体方案;利用福建省能源标准化技术委员会平台,参与关键技术标准制修订工作,为重点产业中的高耗能企业提供标准化技术支撑,促进企业降低单位能源消耗,实现资源的有效利用。

海洋标准化研究:贯彻落实《全国海洋标准化"十二五"发展规划》的重要举措,紧扣海洋经济发展要求,充分发挥标准化的规范引领作用,构建层次分明的海洋标准体系。建立海洋标准与科技创新协同机制,在海洋监测技术、海洋环境保护、海洋生物医药产业、海岛开发、海洋旅游、航海保障、海上救助等标准化研究领域开展科研工作,制定关键技术标准;加强闽台合作,充分利用闽台独特"五缘"优势,拓展闽台海洋标准共同研究,实现闽台海洋开发、控制、管理标准化合作。

现代农业标准化研究:加快特色农产品、农产品质量安全等重要技术标准的研制。开展地理标志产品保护标准研究;针对福建省主要出口国的农产品国际标准、国外先进标准和法规进行比对研究，建立相应的标准、法规风险数据库；开展低碳农业关键技术标准研究；紧密结合各类农业示范园区建设，开发农业标准示范区管理信息系统，加快农业标准的推广实施；建立健全农产品产业链安全管理与追溯体系，加强农业投入品和农产品质量安全监督，切实保障农产品质量安全。

新农村建设标准化研究：进一步服务生态文明和新农村建设，围绕农村综合改革标准化试点和新型城镇化建设，重点在农村基础设施、农村生态环境治理、农村公共服务和社会管理、农业产业化经营等领域开展相关标准化工作。界定并细化标准化研究对象、范围及层级，开展包括美丽乡村在内的新农村建设重要标准体系及基础标准研究，积极探索农村社会保障、公共服务以及乡镇综合治理等领域的标准化工作。

现代服务业标准化研究：开展设计服务、知识产权服务、检验检测服务、科技成果转化服务、数字服务、生物技术服务等领域标准化研究和技术创新，构建统一协调的高技术服务业标准总体系以及各领域的子体系，制定基础性和关键性标准。开展物流、交通运输业等流通领域服务业标准化研究工作，规划我省物流标准体系，开展专业类物流标准子体系建设、基础通用标准及关键标准研制、高新技术在流通领域应用研究。加快融资租赁、信息技术服务、节能环保服务、商务咨询、服务外包、售后服务、人力资源服务和品牌建设的科研和创新发展；实现研究开发及其服务、创业孵化服务、科技咨询服务、科技金融服务、科学技术普及服务、综合科技服务等科技服务业标准化工作的新突破，打造科技服务业标准化科研新优势。加强商贸服务业、文化产业、旅游业、健康服务业、法律服务业、家庭服务业、体育产业、养老服务业、房地产业的标准化基础研究工作，引导和推动生活性服务业标准化领域的科技进步。

社会管理和公共服务标准化研究：加大行政管理、公共安全、公共教育、公共卫生与基本医疗、劳动就业服务、社会保险、社会保障、公共交通、社会组织管理、环境保护公共服务、公共信息服务、社会信用等领域的前期研究，实现非物质文化遗产保护、文物保护、社区治理与服务、文化创意和设计服务、农民工服务和社会风险防范等的标准化研究的新突破，加强社会管理和基本公共服务标准的制订实施工作，建立健全具有福建特色的社会管理和公共服务标准化体系，促进社会管理和公共服务领域先进技术和管理成果的转化和推广应用。建立健全社会运行安全和生产安全保障标准体系框架，在防恐、应急管理、安全技防、消防、地下空间管理、安全生产、特种设备安全等方面研制、实施一批高水平技术标准。

智慧城市标准化研究：通过物联网、云计算等新一代信息技术以及维基、社交网络、Fab Lab、Living Lab、综合集成法等工具和方法的应用，加大智慧城市可持续发展评价与应用标准研究力度。开展智慧城市基础通用标准研究，力争形成相关标准体系；加强外部合作，推动智慧城市建设关键标准研制工作，推进福建省智慧城市建设有序、高效、快速和健康地发展。

9.4.5.3 两岸标准融合研究

围绕《海峡两岸经济合作框架协议》和《海峡两岸服务贸易协议》，探讨两岸标准化对接机制与路径，建立开放的研究体制。重点开展包括农业、服务业以及电子通信、能源、机械、纺织、海洋等领域的标准与法规的对比研究；深入比较和分析两岸产品市场准入的异同，研究两岸可制定共通标准清单，推动建立两岸标准的有效融合，降低相关产品贸易和产业转移成本，实现优势互补，共同发展；推进两岸社会管理和公共服务标准化研究取得新成效，助力服务型政府建设。

9.4.5.4 国外市场准入技术措施研究

从福建省技术性贸易措施领域存在的急需解决的关键问题入手，针对欧盟、美国、日本等福建省主要出口国家和地区开展国外市场准入技术措施研究；重点开展基础理论、关键技术、重要领域国外市场准入技术措施及应对策略研究，为有效应对国外技术性贸易壁垒奠定科技基础。结合"进出口公平贸易行业组织工作点"相关工作，对福建省主要出口行业遭遇的贸易摩擦案件、贸易摩擦应对机制以及对外贸易风险防范体系等内容开展研究，探索技术性贸易壁垒快速预警与应对机制。加大应对研究成果的推广应用，为福建省主要出口产业提供应对技术援助，帮助企业规避风险，增强应对国外技术性贸易壁垒的能力。

9.4.5.5 物品编码标准与技术应用研究

全面推广应用物品编码与自动识别标准、技术，使物品编码与自动识别标准、技术在福建省零售、物流、电子商务、产品追溯、制造业信息化等领域得到广泛应用，满足福建省国民经济和信息化发展对物品编码工作的需求，并成为产品质量监管和诚信体系建设的有效技术手段。重点包括：

物品编码统一标识应用研究：开展物品编码应用技术研究，发挥物品编码统一标识作用，不断完善产品信息数据库建设，促进信息共享和数据整合，为产品质量追溯、诚信体系建设等提供技术支撑。围绕国家重点食品质量安全追溯物联网应用示范工程和国家特种设备监管物联网应用示范工程，在乳制品、白酒、电梯等重点监管领域开展标准和应用技术研究，提升追溯能力和监管水平，满足政府监管和企业发展需求。

物联网标识体系及关键技术研究：研究适用于物联网应用的统一标识和标准框架，在工业、农业、节能环保、商贸流通、交通能源、公共安全、社会事业、城市管理、安全生产等九大领域中各选取 1~2 个试点企业作为突破口，率先开展相关示范应用，研制出各行业缺失的关键技术标准，提升海西经济区物联网产业标准化水平。

二维码检测技术及应用研究：结合福建省质监局技术改造技术装备项目完成二维条码质量检验实验室的建设改造，依据国际标准 ISO/IEC 15415《信息技术—自动识别和数据采集技术—条码符号印刷质量的测试规范—二维条码》中规定的检测参数与检测方法实现二维条码检测，并达到全国先进水平。开展二维条码深化应用研究，自主研发实现二维码在信息整合、校验、产品追溯及防伪上的应用，创建合作机制，推广二维码在实验室检测报告上的应用，实现高效的信息自动采集和管理。

9.4.5.6 代码数据挖掘与应用技术研究

根据组织机构代码唯一性、统一性、动态性、共享性、安全性和稳定性的特点，着力推动组织机构代码在社会诚信体系、电子商务和电子政务等建设中的应用研究，深入研究组织机构代码数据挖掘技术，发挥组织机构代码数据基础性作用，助力海西跨越性发展。重点包括：

组织机构代码数据挖掘技术研究：利用组织机构代码与大数据有着数据巨大、类型多样、实时快速等相同的特点，充分挖掘组织机构代码数据中所隐含社会及经济信息，对全省组织机构基本构成、行业分布、区域分布、规模分布等方面进行分类分析，全面展示全省组织机构基本情况，发现经济社会发展问题，为政府宏观决策提供数据支撑。

诚信体系建设领域应用研究：研究组织机构代码作为统一社会信用代码在社会诚信体系建设中的作用，重点研究组织机构代码在质量诚信体系建设中实名制身份标识作用。

"数字福建"建设领域应用研究：以福建省法人基础数据库建设为载体，充分发挥组织机构代码数据在"数字福建"建设中的基础性作用。着力开展组织机构代码作为法人身份唯一标识在"数字福建"建设中信息标准化作用研究。

网络信息化领域应用研究：开展组织机构代码电子副本和数字证书"两证合一"研究，推动组织机构代码数字证书作为机构身份认证凭证在电子商务和电子政务建设中的应用，服务网上办事大厅建设，推动福建省信息化建设。

9.4.6 福建省安全生产科学研究院

9.4.6.1 安全生产技术支撑保障能力建设

通过科技基础设施的完善，人员素质的不断提高，进一步提升安全生产技术基础研究、科技创新能力，从而提高安全生产科技支撑与安全生产技术服务水平。

重点加快安全生产相关实验室建设与完善。进一步提升现有职业危害检测与鉴定实验室及非煤矿山检测检验实验室检测检验能力，力争在"十三五"末到达国内领先水平。创建电气安全实验室，逐步形成基本满足福建省安全生产需求、适应科技创新研发和科技发展需要的福建省职业安全健康省级重点实验室。为最终形成配置合理、功能完善、体系健全、共享高效的安全生产科技基础条件支撑平台奠定基础。

9.4.6.2 加快安全生产重大事故防治关键技术研发

根据国家安全监管总局的部署，加大力度，在2015年底前完成《全尾砂胶结充填技术研究》《新溶剂法再生纤维素纤维纺丝关键技术工艺安全性研究及应用》《六碳醇生产中氨和乙炔混合气安全回收技术研究》三个安全生产重大事故防治关键技术的研发。

9.4.6.3 产学研联合开展研发

紧密围绕五年规划期间政府安全生产工作的重点，在为企业开展安全评价、安全生产检测检验、职业卫生技术服务过程中，要积极的为企业的安全生产出谋划策，与企业、高校联合解决企业生产中存在的事故隐患，研发满足企业需求的事故防范技术。

9.4.6.4 工作场所职业病危害因素移动检测平台研发

随着新修订的《职业病防治法》的颁布和工作场所职业卫生监管职能的转移，职业卫生工作已成为安全监管工作的重要组成部分。将紧紧围绕安监部门的职业卫生监督管理职能，利用自身科研优势，解决职业安全健康领域共性、前沿性、关键性的技术难题。从2014年起建立专门的研发团队力争用两年时间，完成《工作场所职业病危害因素移动检测平台》研究，更好的为政府和企业提供职业卫生技术服务。

9.4.6.5 安全生产教育考试平台研发

安全生产培训是安全生产领域一项重要的基础性工作，将紧密围绕"十三五"期间政府安全生产培训工作的要求，通过建立开发安全培训数据库、考试题库、覆盖全省企业的安全培训实时信息数据库等，将安全培训工作纳入政府监管之中，使得安全监管部门对培训工作的监督指导有据可依、有的放矢。

9.4.7 福建省水利水电科学研究院

紧紧围绕"放心水、平安水、高效水、生态水""强水利、美生态、富百姓、保安全、建队伍"的民生水利发展思路和为福建经济社会发展提供防洪安全和水资源保障目标

9 重点发展方向

要求，根据我省经济建设发展的要求，以全国水利科技发展"十二五"和"十三五"规划、福建省"十二五"和"十三五"水利科技发展规划为依据，结合该院科研基础条件和特点开展重点研究项目和关键技术的研究。在保持和发展传统学科的基础上，以"突出重点、巩固优势、发展新兴学科、加强交叉学科"的思路来推动学科建设和发展。

9.4.7.1 重点发展的优势研究领域与关健技术研究

水资源管理与水环境保护：坚持节约资源、保护环境的基本国策，以经济社会发展、生态环境优良的水资源安全保障为目标，追踪世界水利科技发展前沿，加强高新技术保障水资源可持续利用的应用研究，解决日益复杂的水资源问题。研究内容包括：

——开展雨洪资源的利用与保护研究
——生态水体修复、河口（海湾）水生态修复、大山地水利的研究
——开展典型生态严重受损河流的生态修复技术与试点等研究
——开展饮用水水源地保护、预警与应急处置技术、综合治理技术、补偿机制和综合监管体制与机制等研究
——流域水资源开发利用对水环境与水生态影响的研究
——内河体系生态修复及综合整治研究

防灾减灾：我国水灾害的防治依然面临艰巨的任务。必须全面加强民生水利的建设，进一步增强对水灾害的调控能力，增强对突发性巨大自然灾害的应急响应能力，并通过治水方略的适时调整来增强经济社会发展对水灾害的适应能力。研究内容包括：

——城市防洪安全保障技术研究
——洪水资源化技术的研究
——防汛、防台风应急管理及应急技术的研究

水利工程建设与管理：随着国民经济快速发展和对水资源和能源的极大需求，社会对水工程建设安全和决策管理等提出了更高的要求，同时随着工程运行期的增长，工程的老化、劣化和不确定性明显增加，水工程的安全和风险控制受到全社会的日益关注。急需开展各种水工程设施的关键技术研究。研究内容包括：

——水工程材料关键技术研究
——水工程除险加固技术和退役机制研究
——福建省中型水库出险类型分析及加固方法探讨研究
——安全系统工程理论在土石坝安全评价中的应用研究
——生态预制混凝土护坡与生态石笼护脚的应用研究
——福建省土石坝地基渗漏地质条件及防渗处理探析研究

——工程质量检测方法和技术研究

——岩土工程事故分析及处理技术研究

——水工结构劣化病害检测、评估和加固技术研究

——防渗、防腐和加固修补新材料的应用研究

农村水利：围绕福建省农村水利面临的挑战，从建设创新型国家、实现农村水利现代化、为民生水利提供科技支撑。需开展高标准现代化农田建设为基础的灌区改造关键技术、农村饮水安全技术、农村生态环境保护技术等研究。研究内容包括：

——研究高标准农田水利工程建设技术

——福建省村级饮水安全工程新技术与实施体系研究

——研究农村饮用水应急保障技术

河道整治：由于自然条件复杂，受人类活动特别是建设水利水电工程的影响，近年来福建江河出现了一些新情况、新变化。河流泥沙淤积、槽蓄能力和行洪能力降低，河道萎缩，河势不稳，生态环境恶化、"小水大灾"现象频发等，急需开展解决重大水利工程和江河治理中关键性技术难题为目标的研究。研究内容包括：

——大中型水利枢纽对河道的长期影响及河道整治关键技术研究

——新型河道整治模式

——河湖污染底泥处置及资源化利用关键技术研究

9.4.7.2 高新技术的应用

高新技术作为科学技术基础性支撑性技术是水利科技创新和水利现代化的基础支撑和技术保障。近年来，随着水利现代化进程的加快，高新技术在水利行业的应用取得了长足的进步。但是，福建水利现代化的整体水平仍然较低，高新技术应用对水利发展的贡献率仍然偏低，与先进发达省份相比仍有较大差距，改造传统水利，提升现代水利科技含量，仍是我们面临的重点课题。研究内容包括：

——工程建设与管理领域高新技术应用研究

——科学实验与科学研究领域高新技术应用研究

9.4.7.3 水利科技引进吸收及再开发

坚持需求引导、全面规划、重点突出、急用先行的原则。引进国内外的先进理念、技术和设备等，满足水利事业发展的需要。始终把提高自主创新能力摆在首要位置，强调消化吸收再创新，努力掌握核心技术，防止低水平重复，形成具有自主知识产权，为水利事业和水利科技的发展提供有力支撑。研究内容包括：

——除险加固技术

——渠道防渗、防裂新材料新技术，混凝土裂缝修补除险技术

——农村污水处理技术

——农村小水电站与泵站改造新技术

——水利工程安全与病害检测、风险评估、防治等高新技术

——生态挡墙技术

——自然能提水技术

9.4.8 福建省体育科学研究所

9.4.8.1 运动机能与评价

主要研究运动员身体机能状态测试、评定方法、了解运动员的身体机能状态，帮助教练员科学地安排运动量，改进训练方法，运动员运动潜力的预测、机能评定和医务监督。同时，根据体育运动参加者的个人特点、人体结构与运动功能的关系和运动技术发展的规律、对运动技术进行诊断、分析和评价，在提高运动技战术水平、专项身体素质/身体机能、预防和治疗损伤与促进功能康复，改进运动装备等进行实践与研究。

9.4.8.2 运动营养与康复

科学合理营养膳食是保证运动员系统训练的重要条件。对运动员的营养与膳食的研究，合理搭配运动饮食，对提升运动员训练科学化的水平，提高运动技能和比赛成绩具有重要意义。密切关注运动营养科学的新发现、新进展，制订不同类型运动员营养指标体系，探索营养膳食与运动员在训练或比赛之后身体的恢复、运动员营养不良现象与调节、运动员营养素与食谱，并指导实践和应用于实践。

9.4.8.3 运动心理疲劳监测与恢复

以运动员心理疲劳机制产生的路径为基础，采用多样化的手段对运动员心理疲劳的预防与监测，同时，应用生物反馈、肌电监测训练、放松训练等干预措施对运动员心理疲劳进行恢复。

9.4.8.4 国民体质的研究（幼儿、青少年、成年、老年人）

积极开展各项全民健身工作，走进社会，将科学健身的理念落到实处，发挥健身指导作用。进一步建立充实国民体质监测队伍，完善检测体系，保证国民体质检测工作的开

展,推动落实不同人群的健康标准和体育锻炼标准。开发建立全民健身服务平台和相应的信息系统和运动风险评估体系。完善福建省国民体质监测系统、群众体育信息数据库、通过对群众体育现状调查与研究等多项涉及全民健身研究课题的完成,为领导决策提供科学依据。要改变理论与实践脱节的现象,加强对国民从事体育健身活动的具体问题的解决,如适宜的健身方法,简单易行的评估与服务体系等直接帮助国民从事体育健身活动的科学手段和方法。

9.4.8.5 体育健身锻炼手段与方法

大力宣传、普及科学、文明、有效的体育健身项目与方法,增强科学健身意识和身体素质。目前大众日益增长的多样化体育需求与保障措施和体育健身资源之间的矛盾,尤其是目前实效性较强的"个性化"科学健身体系还未形成,突出表现在国民健身意识增强的同时,健身指导方案的科学性和针对性还不能满足大众健身的需求,所以,如何在现有条件下,应用体育学、医学、生物学原理,尽快建立具有科学性、系统性和实效性的科学健身指导系统应成为今后工作的努力方向。

9.4.8.6 大型综合性运动会信息研究与服务

积极开展奥运会、全运会等大型综合性运动会的赛前信息服务和成绩预测研究,主要包括新周期竞技体育实力格局研究与成绩预测以及对国内外优秀运动队和运动员的训练方法和赛前准备进行追踪和综合分析,为决策部门、教练员、科研人员备战奥运会、全运会提供系列资料、数据和预测成果等信息支持和科学依据。

附录 2015—2016 年科技成果转化主要政策

附录 1
中华人民共和国促进科技成果转化法
（2015 年修订）

（1996 年 5 月 15 日第八届全国人民代表大会常务委员会第十九次会议通过，根据 2015 年 8 月 29 日第十二届全国人民代表大会常务委员会第十六次会议《关于修改〈中华人民共和国促进科技成果转化法〉的决定》修正）

第一章 总 则

第一条 为了促进科技成果转化为现实生产力，规范科技成果转化活动，加速科学技术进步，推动经济建设和社会发展，制定本法。

第二条 本法所称科技成果，是指通过科学研究与技术开发所产生的具有实用价值的成果。职务科技成果，是指执行研究开发机构、高等院校和企业等单位的工作任务，或者主要是利用上述单位的物质技术条件所完成的科技成果。

本法所称科技成果转化，是指为提高生产力水平而对科技成果所进行的后续试验、开发、应用、推广直至形成新技术、新工艺、新材料、新产品，发展新产业等活动。

第三条 科技成果转化活动应当有利于加快实施创新驱动发展战略，促进科技与经济的结合，有利于提高经济效益、社会效益和保护环境、合理利用资源，有利于促进经济建设、社会发展和维护国家安全。

科技成果转化活动应当尊重市场规律，发挥企业的主体作用，遵循自愿、互利、公平、诚实信用的原则，依照法律法规规定和合同约定，享有权益，承担风险。科技成果转化活动中的知识产权受法律保护。

科技成果转化活动应当遵守法律法规，维护国家利益，不得损害社会公共利益和他人合法权益。

第四条 国家对科技成果转化合理安排财政资金投入，引导社会资金投入，推动科技成果转化资金投入的多元化。

第五条 国务院和地方各级人民政府应当加强科技、财政、投资、税收、人才、产业、金融、政府采购、军民融合等政策协同，为科技成果转化创造良好环境。

地方各级人民政府根据本法规定的原则，结合本地实际，可以采取更加有利于促进科技成果转化的措施。

第六条 国家鼓励科技成果首先在中国境内实施。中国单位或者个人向境外的组织、个人转让或者许可其实施科技成果的，应当遵守相关法律、行政法规以及国家有关规定。

第七条 国家为了国家安全、国家利益和重大社会公共利益的需要，可以依法组织实施或者许可他人实施相关科技成果。

第八条 国务院科学技术行政部门、经济综合管理部门和其他有关行政部门依照国务院规定的职责，管理、指导和协调科技成果转化工作。

地方各级人民政府负责管理、指导和协调本行政区域内的科技成果转化工作。

第二章　组织实施

第九条 国务院和地方各级人民政府应当将科技成果的转化纳入国民经济和社会发展计划，并组织协调实施有关科技成果的转化。

第十条 利用财政资金设立应用类科技项目和其他相关科技项目，有关行政部门、管理机构应当改进和完善科研组织管理方式，在制定相关科技规划、计划和编制项目指南时应当听取相关行业、企业的意见；在组织实施应用类科技项目时，应当明确项目承担者的科技成果转化义务，加强知识产权管理，并将科技成果转化和知识产权创造、运用作为立项和验收的重要内容和依据。

第十一条 国家建立、完善科技报告制度和科技成果信息系统，向社会公布科技项目实施情况以及科技成果和相关知识产权信息，提供科技成果信息查询、筛选等公益服务。公布有关信息不得泄露国家秘密和商业秘密。对不予公布的信息，有关部门应当及时告知相关科技项目承担者。

利用财政资金设立的科技项目的承担者应当按照规定及时提交相关科技报告，并将科技成果和相关知识产权信息汇交到科技成果信息系统。

国家鼓励利用非财政资金设立的科技项目的承担者提交相关科技报告，将科技成果和相关知识产权信息汇交到科技成果信息系统，县级以上人民政府负责相关工作的部门应当为其提供方便。

第十二条 对下列科技成果转化项目，国家通过政府采购、研究开发资助、发布产业技术指导目录、示范推广等方式予以支持：

（一）能够显著提高产业技术水平、经济效益或者能够形成促进社会经济健康发展的新产业的；

（二）能够显著提高国家安全能力和公共安全水平的；

（三）能够合理开发和利用资源、节约能源、降低消耗以及防治环境污染、保护生态、提高应对气候变化和防灾减灾能力的；

（四）能够改善民生和提高公共健康水平的；

（五）能够促进现代农业或者农村经济发展的；

（六）能够加快民族地区、边远地区、贫困地区社会经济发展的。

第十三条 国家通过制定政策措施，提倡和鼓励采用先进技术、工艺和装备，不断改进、限制使用或者淘汰落后技术、工艺和装备。

第十四条 国家加强标准制定工作，对新技术、新工艺、新材料、新产品依法及时制定国家标准、行业标准，积极参与国际标准的制定，推动先进适用技术推广和应用。

国家建立有效的军民科技成果相互转化体系，完善国防科技协同创新体制机制。军品科研生产应当依法优先采用先进适用的民用标准，推动军用、民用技术相互转移、转化。

第十五条 各级人民政府组织实施的重点科技成果转化项目，可以由有关部门组织采用公开招标的方式实施转化。有关部门应当对中标单位提供招标时确定的资助或者其他条件。

第十六条 科技成果持有者可以采用下列方式进行科技成果转化：

（一）自行投资实施转化；

（二）向他人转让该科技成果；

（三）许可他人使用该科技成果；

（四）以该科技成果作为合作条件，与他人共同实施转化；

（五）以该科技成果作价投资，折算股份或者出资比例；

（六）其他协商确定的方式。

第十七条 国家鼓励研究开发机构、高等院校采取转让、许可或者作价投资等方式，向企业或者其他组织转移科技成果。

国家设立的研究开发机构、高等院校应当加强对科技成果转化的管理、组织和协调，促进科技成果转化队伍建设，优化科技成果转化流程，通过本单位负责技术转移工作的机构或者委托独立的科技成果转化服务机构开展技术转移。

第十八条 国家设立的研究开发机构、高等院校对其持有的科技成果，可以自主决定转让、许可或者作价投资，但应当通过协议定价、在技术交易市场挂牌交易、拍卖等方式确定价格。通过协议定价的，应当在本单位公示科技成果名称和拟交易价格。

第十九条 国家设立的研究开发机构、高等院校所取得的职务科技成果，完成人和参加人在不变更职务科技成果权属的前提下，可以根据与本单位的协议进行该项科技成果的转化，并享有协议规定的权益。该单位对上述科技成果转化活动应当予以支持。

科技成果完成人或者课题负责人，不得阻碍职务科技成果的转化，不得将职务科技成果及其技术资料和数据占为己有，侵犯单位的合法权益。

第二十条 研究开发机构、高等院校的主管部门以及财政、科学技术等相关行政部门应当建立有利于促进科技成果转化的绩效考核评价体系，将科技成果转化情况作为对相关单位及人员评价、科研资金支持的重要内容和依据之一，并对科技成果转化绩效突出的相关单位及人员加大科研资金支持。

国家设立的研究开发机构、高等院校应当建立符合科技成果转化工作特点的职称评定、岗位管理和考核评价制度，完善收入分配激励约束机制。

第二十一条 国家设立的研究开发机构、高等院校应当向其主管部门提交科技成果转化情况年度报告，说明本单位依法取得的科技成果数量、实施转化情况以及相关收入分配情况，该主管部门应当按照规定将科技成果转化情况年度报告报送财政、科学技术等相关行政部门。

第二十二条 企业为采用新技术、新工艺、新材料和生产新产品，可以自行发布信息或者委托科技中介服务机构征集其所需的科技成果，或者征寻科技成果转化的合作者。

县级以上地方各级人民政府科学技术行政部门和其他有关部门应当根据职责分工，为企业获取所需的科技成果提供帮助和支持。

第二十三条 企业依法有权独立或者与境内外企业、事业单位和其他合作者联合实施科技成果转化。

企业可以通过公平竞争，独立或者与其他单位联合承担政府组织实施的科技研究开发和科技成果转化项目。

第二十四条 对利用财政资金设立的具有市场应用前景、产业目标明确的科技项目，政府有关部门、管理机构应当发挥企业在研究开发方向选择、项目实施和成果应用中的主导作用，鼓励企业、研究开发机构、高等院校及其他组织共同实施。

第二十五条 国家鼓励研究开发机构、高等院校与企业相结合，联合实施科技成果转化。

研究开发机构、高等院校可以参与政府有关部门或者企业实施科技成果转化的招标投标活动。

第二十六条 国家鼓励企业与研究开发机构、高等院校及其他组织采取联合建立研究开发平台、技术转移机构或者技术创新联盟等产学研合作方式，共同开展研究开发、成果应用与推广、标准研究与制定等活动。

合作各方应当签订协议，依法约定合作的组织形式、任务分工、资金投入、知识产权归属、权益分配、风险分担和违约责任等事项。

第二十七条 国家鼓励研究开发机构、高等院校与企业及其他组织开展科技人员交流,根据专业特点、行业领域技术发展需要,聘请企业及其他组织的科技人员兼职从事教学和科研工作,支持本单位的科技人员到企业及其他组织从事科技成果转化活动。

第二十八条 国家支持企业与研究开发机构、高等院校、职业院校及培训机构联合建立学生实习实践培训基地和研究生科研实践工作机构,共同培养专业技术人才和高技能人才。

第二十九条 国家鼓励农业科研机构、农业试验示范单位独立或者与其他单位合作实施农业科技成果转化。

第三十条 国家培育和发展技术市场,鼓励创办科技中介服务机构,为技术交易提供交易场所、信息平台以及信息检索、加工与分析、评估、经纪等服务。

科技中介服务机构提供服务,应当遵循公正、客观的原则,不得提供虚假的信息和证明,对其在服务过程中知悉的国家秘密和当事人的商业秘密负有保密义务。

第三十一条 国家支持根据产业和区域发展需要建设公共研究开发平台,为科技成果转化提供技术集成、共性技术研究开发、中间试验和工业性试验、科技成果系统化和工程化开发、技术推广与示范等服务。

第三十二条 国家支持科技企业孵化器、大学科技园等科技企业孵化机构发展,为初创期科技型中小企业提供孵化场地、创业辅导、研究开发与管理咨询等服务。

第三章 保障措施

第三十三条 科技成果转化财政经费,主要用于科技成果转化的引导资金、贷款贴息、补助资金和风险投资以及其他促进科技成果转化的资金用途。

第三十四条 国家依照有关税收法律、行政法规规定对科技成果转化活动实行税收优惠。

第三十五条 国家鼓励银行业金融机构在组织形式、管理机制、金融产品和服务等方面进行创新,鼓励开展知识产权质押贷款、股权质押贷款等贷款业务,为科技成果转化提供金融支持。

国家鼓励政策性金融机构采取措施,加大对科技成果转化的金融支持。

第三十六条 国家鼓励保险机构开发符合科技成果转化特点的保险品种,为科技成果转化提供保险服务。

第三十七条 国家完善多层次资本市场,支持企业通过股权交易、依法发行股票和债券等直接融资方式为科技成果转化项目进行融资。

第三十八条 国家鼓励创业投资机构投资科技成果转化项目。

国家设立的创业投资引导基金，应当引导和支持创业投资机构投资初创期科技型中小企业。

第三十九条 国家鼓励设立科技成果转化基金或者风险基金，其资金来源由国家、地方、企业、事业单位以及其他组织或者个人提供，用于支持高投入、高风险、高产出的科技成果的转化，加速重大科技成果的产业化。

科技成果转化基金和风险基金的设立及其资金使用，依照国家有关规定执行。

第四章 技术权益

第四十条 科技成果完成单位与其他单位合作进行科技成果转化的，应当依法由合同约定该科技成果有关权益的归属。合同未作约定的，按照下列原则办理：

（一）在合作转化中无新的发明创造的，该科技成果的权益，归该科技成果完成单位；

（二）在合作转化中产生新的发明创造的，该新发明创造的权益归合作各方共有；

（三）对合作转化中产生的科技成果，各方都有实施该项科技成果的权利，转让该科技成果应经合作各方同意。

第四十一条 科技成果完成单位与其他单位合作进行科技成果转化的，合作各方应当就保守技术秘密达成协议；当事人不得违反协议或者违反权利人有关保守技术秘密的要求，披露、允许他人使用该技术。

第四十二条 企业、事业单位应当建立健全技术秘密保护制度，保护本单位的技术秘密。职工应当遵守本单位的技术秘密保护制度。

企业、事业单位可以与参加科技成果转化的有关人员签订在职期间或者离职、离休、退休后一定期限内保守本单位技术秘密的协议；有关人员不得违反协议约定，泄露本单位的技术秘密和从事与原单位相同的科技成果转化活动。

职工不得将职务科技成果擅自转让或者变相转让。

第四十三条 国家设立的研究开发机构、高等院校转化科技成果所获得的收入全部留归本单位，在对完成、转化职务科技成果做出重要贡献的人员给予奖励和报酬后，主要用于科学技术研究开发与成果转化等相关工作。

第四十四条 职务科技成果转化后，由科技成果完成单位对完成、转化该项科技成果做出重要贡献的人员给予奖励和报酬。

科技成果完成单位可以规定或者与科技人员约定奖励和报酬的方式、数额和时限。单位制定相关规定，应当充分听取本单位科技人员的意见，并在本单位公开相关规定。

第四十五条 科技成果完成单位未规定、也未与科技人员约定奖励和报酬的方式和数

额的,按照下列标准对完成、转化职务科技成果做出重要贡献的人员给予奖励和报酬:

(一)将该项职务科技成果转让、许可给他人实施的,从该项科技成果转让净收入或者许可净收入中提取不低于百分之五十的比例;

(二)利用该项职务科技成果作价投资的,从该项科技成果形成的股份或者出资比例中提取不低于百分之五十的比例;

(三)将该项职务科技成果自行实施或者与他人合作实施的,应当在实施转化成功投产后连续三至五年,每年从实施该项科技成果的营业利润中提取不低于百分之五的比例。

国家设立的研究开发机构、高等院校规定或者与科技人员约定奖励和报酬的方式和数额应当符合前款第一项至第三项规定的标准。

国有企业、事业单位依照本法规定对完成、转化职务科技成果做出重要贡献的人员给予奖励和报酬的支出计入当年本单位工资总额,但不受当年本单位工资总额限制、不纳入本单位工资总额基数。

第五章　法律责任

第四十六条　利用财政资金设立的科技项目的承担者未依照本法规定提交科技报告、汇交科技成果和相关知识产权信息的,由组织实施项目的政府有关部门、管理机构责令改正;情节严重的,予以通报批评,禁止其在一定期限内承担利用财政资金设立的科技项目。

国家设立的研究开发机构、高等院校未依照本法规定提交科技成果转化情况年度报告的,由其主管部门责令改正;情节严重的,予以通报批评。

第四十七条　违反本法规定,在科技成果转化活动中弄虚作假,采取欺骗手段,骗取奖励和荣誉称号、诈骗钱财、非法牟利的,由政府有关部门依照管理职责责令改正,取消该奖励和荣誉称号,没收违法所得,并处以罚款。给他人造成经济损失的,依法承担民事赔偿责任。构成犯罪的,依法追究刑事责任。

第四十八条　科技服务机构及其从业人员违反本法规定,故意提供虚假的信息、实验结果或者评估意见等欺骗当事人,或者与当事人一方串通欺骗另一方当事人的,由政府有关部门依照管理职责责令改正,没收违法所得,并处以罚款;情节严重的,由工商行政管理部门依法吊销营业执照。给他人造成经济损失的,依法承担民事赔偿责任;构成犯罪的,依法追究刑事责任。

科技中介服务机构及其从业人员违反本法规定泄露国家秘密或者当事人的商业秘密的,依照有关法律、行政法规的规定承担相应的法律责任。

第四十九条 科学技术行政部门和其他有关部门及其工作人员在科技成果转化中滥用职权、玩忽职守、徇私舞弊的，由任免机关或者监察机关对直接负责的主管人员和其他直接责任人员依法给予处分；构成犯罪的，依法追究刑事责任。

第五十条 违反本法规定，以唆使窃取、利诱胁迫等手段侵占他人的科技成果，侵犯他人合法权益的，依法承担民事赔偿责任，可以处以罚款；构成犯罪的，依法追究刑事责任。

第五十一条 违反本法规定，职工未经单位允许，泄露本单位的技术秘密，或者擅自转让、变相转让职务科技成果的，参加科技成果转化的有关人员违反与本单位的协议，在离职、离休、退休后约定的期限内从事与原单位相同的科技成果转化活动，给本单位造成经济损失的，依法承担民事赔偿责任；构成犯罪的，依法追究刑事责任。

第六章　附则

第五十二条 本法自 1996 年 10 月 1 日起施行。

附录 2
实施《中华人民共和国促进科技成果转化法》若干规定
（国发〔2016〕16号）

为加快实施创新驱动发展战略，落实《中华人民共和国促进科技成果转化法》，打通科技与经济结合的通道，促进大众创业、万众创新，鼓励研究开发机构、高等院校、企业等创新主体及科技人员转移转化科技成果，推进经济提质增效升级，作出如下规定。

一、促进研究开发机构、高等院校技术转移

（一）国家鼓励研究开发机构、高等院校通过转让、许可或者作价投资等方式，向企业或者其他组织转移科技成果。国家设立的研究开发机构和高等院校应当采取措施，优先向中小微企业转移科技成果，为大众创业、万众创新提供技术供给。

国家设立的研究开发机构、高等院校对其持有的科技成果，可以自主决定转让、许可或者作价投资，除涉及国家秘密、国家安全外，不需审批或者备案。

国家设立的研究开发机构、高等院校有权依法以持有的科技成果作价入股确认股权和出资比例，并通过发起人协议、投资协议或者公司章程等形式对科技成果的权属、作价、折股数量或者出资比例等事项明确约定，明晰产权。

（二）国家设立的研究开发机构、高等院校应当建立健全技术转移工作体系和机制，完善科技成果转移转化的管理制度，明确科技成果转化各项工作的责任主体，建立健全科技成果转化重大事项领导班子集体决策制度，加强专业化科技成果转化队伍建设，优化科技成果转化流程，通过本单位负责技术转移工作的机构或者委托独立的科技成果转化服务机构开展技术转移。鼓励研究开发机构、高等院校在不增加编制的前提下建设专业化技术转移机构。

国家设立的研究开发机构、高等院校转化科技成果所获得的收入全部留归单位，纳入单位预算，不上缴国库，扣除对完成和转化职务科技成果作出重要贡献人员的奖励和报酬后，应当主要用于科学技术研发与成果转化等相关工作，并对技术转移机构的运行和发展给予保障。

（三）国家设立的研究开发机构、高等院校对其持有的科技成果，应当通过协议定价、在技术交易市场挂牌交易、拍卖等市场化方式确定价格。协议定价的，科技成果持有单位应当在本单位公示科技成果名称和拟交易价格，公示时间不少于15日。单位应当明确并

公开异议处理程序和办法。

（四）国家鼓励以科技成果作价入股方式投资的中小企业充分利用资本市场做大做强，国务院财政、科技行政主管部门要研究制定国家设立的研究开发机构、高等院校以技术入股形成的国有股在企业上市时豁免向全国社会保障基金转持的有关政策。

（五）国家设立的研究开发机构、高等院校应当按照规定格式，于每年3月30日前向其主管部门报送本单位上一年度科技成果转化情况的年度报告，主管部门审核后于每年4月30日前将各单位科技成果转化年度报告报送至科技、财政行政主管部门指定的信息管理系统。年度报告内容主要包括：

1. 科技成果转化取得的总体成效和面临的问题；
2. 依法取得科技成果的数量及有关情况；
3. 科技成果转让、许可和作价投资情况；
4. 推进产学研合作情况，包括自建、共建研究开发机构、技术转移机构、科技成果转化服务平台情况，签订技术开发合同、技术咨询合同、技术服务合同情况，人才培养和人员流动情况等；
5. 科技成果转化绩效和奖惩情况，包括科技成果转化取得收入及分配情况，对科技成果转化人员的奖励和报酬等。

二、激励科技人员创新创业

（一）国家设立的研究开发机构、高等院校制定转化科技成果收益分配制度时，要按照规定充分听取本单位科技人员的意见，并在本单位公开相关制度。依法对职务科技成果完成人和为成果转化作出重要贡献的其他人员给予奖励时，按照以下规定执行：

1. 以技术转让或者许可方式转化职务科技成果的，应当从技术转让或者许可所取得的净收入中提取不低于50%的比例用于奖励。
2. 以科技成果作价投资实施转化的，应当从作价投资取得的股份或者出资比例中提取不低于50%的比例用于奖励。
3. 在研究开发和科技成果转化中作出主要贡献的人员，获得奖励的份额不低于奖励总额的50%。
4. 对科技人员在科技成果转化工作中开展技术开发、技术咨询、技术服务等活动给予的奖励，可按照促进科技成果转化法和本规定执行。

（二）国家设立的研究开发机构、高等院校科技人员在履行岗位职责、完成本职工作的前提下，经征得单位同意，可以兼职到企业等从事科技成果转化活动，或者离岗创业，在原则上不超过3年时间内保留人事关系，从事科技成果转化活动。研究开发机构、高等院校应当建立制度规定或者与科技人员约定兼职、离岗从事科技成果转化活动期间和期满后的权利和义务。离岗创业期间，科技人员所承担的国家科技计划和基金项目原则上不得中止，确需中止的应当按照有关管理办法办理手续。

积极推动逐步取消国家设立的研究开发机构、高等院校及其内设院系所等业务管理岗位的行政级别，建立符合科技创新规律的人事管理制度，促进科技成果转移转化。

（三）对于担任领导职务的科技人员获得科技成果转化奖励，按照分类管理的原则执行：

1. 国务院部门、单位和各地方所属研究开发机构、高等院校等事业单位（不含内设机构）正职领导，以及上述事业单位所属具有独立法人资格单位的正职领导，是科技成果的主要完成人或者对科技成果转化作出重要贡献的，可以按照促进科技成果转化法的规定获得现金奖励，原则上不得获取股权激励。其他担任领导职务的科技人员，是科技成果的主要完成人或者对科技成果转化作出重要贡献的，可以按照促进科技成果转化法的规定获得现金、股份或者出资比例等奖励和报酬。

2. 对担任领导职务的科技人员的科技成果转化收益分配实行公开公示制度，不得利用职权侵占他人科技成果转化收益。

（四）国家鼓励企业建立健全科技成果转化的激励分配机制，充分利用股权出售、股权奖励、股票期权、项目收益分红、岗位分红等方式激励科技人员开展科技成果转化。国务院财政、科技等行政主管部门要研究制定国有科技型企业股权和分红激励政策，结合深化国有企业改革，对科技人员实施激励。

（五）科技成果转化过程中，通过技术交易市场挂牌交易、拍卖等方式确定价格的，或者通过协议定价并在本单位及技术交易市场公示拟交易价格的，单位领导在履行勤勉尽责义务、没有牟取非法利益的前提下，免除其在科技成果定价中因科技成果转化后续价值变化产生的决策责任。

三、营造科技成果转移转化良好环境

（一）研究开发机构、高等院校的主管部门以及财政、科技等相关部门，在对单位进行绩效考评时应当将科技成果转化的情况作为评价指标之一。

（二）加大对科技成果转化绩效突出的研究开发机构、高等院校及人员的支持力度。研究开发机构、高等院校的主管部门以及财政、科技等相关部门根据单位科技成果转化年度报告情况等，对单位科技成果转化绩效予以评价，并将评价结果作为对单位予以支持的参考依据之一。

国家设立的研究开发机构、高等院校应当制定激励制度，对业绩突出的专业化技术转移机构给予奖励。

（三）做好国家自主创新示范区税收试点政策向全国推广工作，落实好现有促进科技成果转化的税收政策。积极研究探索支持单位和个人科技成果转化的税收政策。

（四）国务院相关部门要按照法律规定和事业单位分类改革的相关规定，研究制定符合所管理行业、领域特点的科技成果转化政策。涉及国家安全、国家秘密的科技成果转化，行业主管部门要完善管理制度，激励与规范相关科技成果转化活动。对涉密科技成果，相关单位应当根据情况及时做好解密、降密工作。

（五）各地方、各部门要切实加强对科技成果转化工作的组织领导，及时研究新情况、新问题，加强政策协同配合，优化政策环境，开展监测评估，及时总结推广经验做法，加大宣传力度，提升科技成果转化的质量和效率，推动我国经济转型升级、提质增效。

（六）《国务院办公厅转发科技部等部门关于促进科技成果转化若干规定的通知》（国办发〔1999〕29号）同时废止。此前有关规定与本规定不一致的，按本规定执行。

附录3
促进科技成果转移转化行动方案
（国办发〔2016〕28号）

促进科技成果转移转化是实施创新驱动发展战略的重要任务，是加强科技与经济紧密结合的关键环节，对于推进结构性改革尤其是供给侧结构性改革、支撑经济转型升级和产业结构调整，促进大众创业、万众创新，打造经济发展新引擎具有重要意义。为深入贯彻党中央、国务院一系列重大决策部署，落实《中华人民共和国促进科技成果转化法》，加快推动科技成果转化为现实生产力，依靠科技创新支撑稳增长、促改革、调结构、惠民生，特制定本方案。

一、总体思路

深入贯彻落实党的"十八大"、十八届三中、四中、五中全会精神和国务院部署，紧扣创新发展要求，推动大众创新创业，充分发挥市场配置资源的决定性作用，更好发挥政府作用，完善科技成果转移转化政策环境，强化重点领域和关键环节的系统部署，强化技术、资本、人才、服务等创新资源的深度融合与优化配置，强化中央和地方协同推动科技成果转移转化，建立符合科技创新规律和市场经济规律的科技成果转移转化体系，促进科技成果资本化、产业化，形成经济持续稳定增长新动力，为到2020年进入创新型国家行列、实现全面建成小康社会奋斗目标作出贡献。

（一）基本原则

——市场导向。发挥市场在配置科技创新资源中的决定性作用，强化企业转移转化科技成果的主体地位，发挥企业家整合技术、资金、人才的关键作用，推进产学研协同创新，大力发展技术市场。完善科技成果转移转化的需求导向机制，拓展新技术、新产品的市场应用空间。

——政府引导。加快政府职能转变，推进简政放权、放管结合、优化服务，强化政府在科技成果转移转化政策制定、平台建设、人才培养、公共服务等方面职能，发挥财政资金引导作用，营造有利于科技成果转移转化的良好环境。

——纵横联动。加强中央与地方的上下联动，发挥地方在推动科技成果转移转化中的重要作用，探索符合地方实际的成果转化有效路径。加强部门之间统筹协同、军民之间融合联动，在资源配置、任务部署等方面形成共同促进科技成果转化的合力。

——机制创新。充分运用众创、众包、众扶、众筹等基于互联网的创新创业新理念，建立创新要素充分融合的新机制，充分发挥资本、人才、服务在科技成果转移转化中的催化作用，探索科技成果转移转化新模式。

（二）主要目标

"十三五"期间，推动一批短中期见效、有力带动产业结构优化升级的重大科技成果转化应用，企业、高校和科研院所科技成果转移转化能力显著提高，市场化的技术交易服务体系进一步健全，科技型创新创业蓬勃发展，专业化技术转移人才队伍发展壮大，多元化的科技成果转移转化投入渠道日益完善，科技成果转移转化的制度环境更加优化，功能完善、运行高效、市场化的科技成果转移转化体系全面建成。

主要指标：建设100个示范性国家技术转移机构，支持有条件的地方建设10个科技成果转移转化示范区，在重点行业领域布局建设一批支撑实体经济发展的众创空间，建成若干技术转移人才培养基地，培养1万名专业化技术转移人才，全国技术合同交易额力争达到2万亿元。

二、重点任务

围绕科技成果转移转化的关键问题和薄弱环节，加强系统部署，抓好措施落实，形成以企业技术创新需求为导向、以市场化交易平台为载体、以专业化服务机构为支撑的科技成果转移转化新格局。

（一）开展科技成果信息汇交与发布

1. 发布转化先进适用的科技成果包。围绕新一代信息网络、智能绿色制造、现代农业、现代能源、资源高效利用和生态环保、海洋和空间、智慧城市和数字社会、人口健康等重点领域，以需求为导向发布一批符合产业转型升级方向、投资规模与产业带动作用大的科技成果包。发挥财政资金引导作用和科技中介机构的成果筛选、市场化评估、融资服务、成果推介等作用，鼓励企业探索新的商业模式和科技成果产业化路径，加速重大科技成果转化应用。引导支持农业、医疗卫生、生态建设等社会公益领域科技成果转化应用。

2. 建立国家科技成果信息系统。制定科技成果信息采集、加工与服务规范，推动中央和地方各类科技计划、科技奖励成果存量与增量数据资源互联互通，构建由财政资金支持产生的科技成果转化项目库与数据服务平台。完善科技成果信息共享机制，在不泄露国家秘密和商业秘密的前提下，向社会公布科技成果和相关知识产权信息，提供科技成果信息查询、筛选等公益服务。

3. 加强科技成果信息汇交。建立健全各地方、各部门科技成果信息汇交工作机制，推广科技成果在线登记汇交系统，畅通科技成果信息收集渠道。加强科技成果管理与科技计划项目管理的有机衔接，明确由财政资金设立的应用类科技项目承担单位的科技成果转化义务，开展应用类科技项目成果以及基础研究中具有应用前景的科研项目成果信息汇交。鼓励非财政资金资助的科技成果进行信息汇交。

4. 加强科技成果数据资源开发利用。围绕传统产业转型升级、新兴产业培育发展需求，鼓励各类机构运用云计算、大数据等新一代信息技术，积极开展科技成果信息增值服务，提供符合用户需求的精准科技成果信息。开展科技成果转化为技术标准试点，推动更多应用类科技成果转化为技术标准。加强科技成果、科技报告、科技文献、知识产权、标准等的信息化关联，各地方、各部门在规划制定、计划管理、战略研究等方面要充分利用科技成果资源。

5. 推动军民科技成果融合转化应用。建设国防科技工业成果信息与推广转化平台，研究设立国防科技工业军民融合产业投资基金，支持军民融合科技成果推广应用。梳理具有市场应用前景的项目，发布军用技术转民用推广目录、"民参军"技术与产品推荐目录、国防科技工业知识产权转化目录。实施军工技术推广专项，推动国防科技成果向民用领域转化应用。

（二）产学研协同开展科技成果转移转化

1. 支持高校和科研院所开展科技成果转移转化。组织高校和科研院所梳理科技成果资源，发布科技成果目录，建立面向企业的技术服务站点网络，推动科技成果与产业、企业需求有效对接，通过研发合作、技术转让、技术许可、作价投资等多种形式，实现科技成果市场价值。依托中国科学院的科研院所体系实施科技服务网络计划，围绕产业和地方需求开展技术攻关、技术转移与示范、知识产权运营等。鼓励医疗机构、医学研究单位等构建协同研究网络，加强临床指南和规范制定工作，加快新技术、新产品应用推广。引导有条件的高校和科研院所建立健全专业化科技成果转移转化机构，明确统筹科技成果转移转化与知识产权管理的职责，加强市场化运营能力。在部分高校和科研院所试点探索科技成果转移转化的有效机制与模式，建立职务科技成果披露与管理制度，实行技术经理人市场化聘用制，建设一批运营机制灵活、专业人才集聚、服务能力突出、具有国际影响力的国家技术转移机构。

2. 推动企业加强科技成果转化应用。以创新型企业、高新技术企业、科技型中小企业为重点，支持企业与高校、科研院所联合设立研发机构或技术转移机构，共同开展研究开发、成果应用与推广、标准研究与制定等。围绕"互联网+"战略开展企业技术难题竞标等"研发众包"模式探索，引导科技人员、高校、科研院所承接企业的项目委托和难题招标，聚众智推进开放式创新。市场导向明确的科技计划项目由企业牵头组织实施。完善技术成果向企业转移扩散的机制，支持企业引进国内外先进适用技术，开展技术革新与改造升级。

3. 构建多种形式的产业技术创新联盟。围绕"中国制造2025""互联网+"等国家重点产业发展战略以及区域发展战略部署，发挥行业骨干企业、转制科研院所主导作用，联合上下游企业和高校、科研院所等构建一批产业技术创新联盟，围绕产业链构建创新链，推动跨领域跨行业协同创新，加强行业共性关键技术研发和推广应用，为联盟成员企业提供订单式研发服务。支持联盟承担重大科技成果转化项目，探索联合攻关、利益共享、知识产权运营的有效机制与模式。

4. 发挥科技社团促进科技成果转移转化的纽带作用。以创新驱动助力工程为抓手，提升学会服务科技成果转移转化能力和水平，利用学会服务站、技术研发基地等柔性创新载体，组织动员学会智力资源服务企业转型升级，建立学会联系企业的长效机制，开展科技信息服务，实现科技成果转移转化供给端与需求端的精准对接。

（三）建设科技成果中试与产业化载体

1. 建设科技成果产业化基地。瞄准节能环保、新一代信息技术、生物技术、高端装备制造、新能源、新材料、新能源汽车等战略性新兴产业领域，依托国家自主创新示范区、国家高新区、国家农业科技园区、国家可持续发展实验区、国家大学科技园、战略性新兴产业集聚区等创新资源集聚区域以及高校、科研院所、行业骨干企业等，建设一批科技成果产业化基地，引导科技成果对接特色产业需求转移转化，培育新的经济增长点。

2. 强化科技成果中试熟化。鼓励企业牵头、政府引导、产学研协同，面向产业发展需求开展中试熟化与产业化开发，提供全程技术研发解决方案，加快科技成果转移转化。支持地方围绕区域特色产业发展、中小企业技术创新需求，建设通用性或行业性技术创新服务平台，提供从实验研究、中试熟化到生产过程所需的仪器设备、中试生产线等资源，开展研发设计、检验检测认证、科技咨询、技术标准、知识产权、投融资等服务。推动各类技术开发类科研基地合理布局和功能整合，促进科研基地科技成果转移转化，推动更多企业和产业发展亟需的共性技术成果扩散与转化应用。

（四）强化科技成果转移转化市场化服务

1. 构建国家技术交易网络平台。以"互联网+"科技成果转移转化为核心，以需求为导向，连接技术转移服务机构、投融资机构、高校、科研院所和企业等，集聚成果、资金、人才、服务、政策等各类创新要素，打造线上与线下相结合的国家技术交易网络平台。平台依托专业机构开展市场化运作，坚持开放共享的运营理念，支持各类服务机构提供信息发布、融资并购、公开挂牌、竞价拍卖、咨询辅导等专业化服务，形成主体活跃、要素齐备、机制灵活的创新服务网络。引导高校、科研院所、国有企业的科技成果挂牌交易与公示。

2. 健全区域性技术转移服务机构。支持地方和有关机构建立完善区域性、行业性技术市场，形成不同层级、不同领域技术交易有机衔接的新格局。在现有的技术转移区域中心、国际技术转移中心基础上，落实"一带一路"、京津冀协同发展、长江经济带等重大战略，进一步加强重点区域间资源共享与优势互补，提升跨区域技术转移与辐射功能，打造连接国内外技术、资本、人才等创新资源的技术转移网络。

3. 完善技术转移机构服务功能。完善技术产权交易、知识产权交易等各类平台功能，促进科技成果与资本的有效对接。支持有条件的技术转移机构与天使投资、创业投资等合作建立投资基金，加大对科技成果转化项目的投资力度。鼓励国内机构与国际知名技术转移机构开展深层次合作，围绕重点产业技术需求引进国外先进适用的科技成果。鼓励技术转移机构探索适应不同用户需求的科技成果评价方法，提升科技成果转移转化成功率。推动行业组织制定技术转移服务标准和规范，建立技术转移服务评价与信用机制，加强行业自律管理。

4. 加强重点领域知识产权服务。实施"互联网+"融合重点领域专利导航项目，引导"互联网+"协同制造、现代农业、智慧能源、绿色生态、人工智能等融合领域的知识产权战略布局，提升产业创新发展能力。开展重大科技经济活动知识产权分析评议，为战略规划、政策制定、项目确立等提供依据。针对重点产业完善国际化知识产权信息平台，发布"走向海外"知识产权实务操作指引，为企业"走出去"提供专业化知识产权服务。

（五）大力推动科技型创新创业

1. 促进众创空间服务和支撑实体经济发展。重点在创新资源集聚区域，依托行业龙头企业、高校、科研院所，在电子信息、生物技术、高端装备制造等重点领域建设一批以成果转移转化为主要内容、专业服务水平高、创新资源配置优、产业辐射带动作用强的众创空间，有效支撑实体经济发展。构建一批支持农村科技创新创业的"星创天地"。支持企业、高校和科研院所发挥科研设施、专业团队、技术积累等专业领域创新优势，为创业者提供技术研发服务。吸引更多科技人员、海外归国人员等高端创业人才入驻众创空间，重点支持以核心技术为源头的创新创业。

2. 推动创新资源向创新创业者开放。引导高校、科研院所、大型企业、技术转移机构、创业投资机构以及国家级科研平台（基地）等，将科研基础设施、大型科研仪器、科技数据文献、科技成果、创投资金等向创新创业者开放。依托 3D 打印、大数据、网络制造、开源软硬件等先进技术和手段，支持各类机构为创新创业者提供便捷的创新创业工具。支持高校、企业、孵化机构、投资机构等开设创新创业培训课程，鼓励经验丰富的企业家、天使投资人和专家学者等担任创业导师。

3. 举办各类创新创业大赛。组织开展中国创新创业大赛、中国创新挑战赛、中国"互联网+"大学生创新创业大赛、中国农业科技创新创业大赛、中国科技创新创业人才投融资集训营等活动，支持地方和社会各界举办各类创新创业大赛，集聚整合创业投资等各类资源支持创新创业。

（六）建设科技成果转移转化人才队伍

1. 开展技术转移人才培养。充分发挥各类创新人才培养示范基地作用，依托有条件的地方和机构建设一批技术转移人才培养基地。推动有条件的高校设立科技成果转化相关课程，打造一支高水平的师资队伍。加快培养科技成果转移转化领军人才，纳入各类创新创业人才引进培养计划。推动建设专业化技术经纪人队伍，畅通职业发展通道。鼓励和规范高校、科研院所、企业中符合条件的科技人员从事技术转移工作。与国际技术转移组织联合培养国际化技术转移人才。

2. 组织科技人员开展科技成果转移转化。紧密对接地方产业技术创新、农业农村发展、社会公益等领域需求，继续实施万名专家服务基层行动计划、科技特派员、科技创业者行动、企业院士行、先进适用技术项目推广等，动员高校、科研院所、企业的科技人员及高层次专家，深入企业、园区、农村等基层一线开展技术咨询、技术服务、科技攻关、成果推广等科技成果转移转化活动，打造一支面向基层的科技成果转移转化人才队伍。

3. 强化科技成果转移转化人才服务。构建"互联网+"创新创业人才服务平台，提供科技咨询、人才计划、科技人才活动、教育培训等公共服务，实现人才与人才、人才与企业、人才与资本之间的互动和跨界协作。围绕支撑地方特色产业培育发展，建立一批科技领军人才创新驱动中心，支持有条件的企业建设院士（专家）工作站，为高层次人才与企业、地方对接搭建平台。建设海外科技人才离岸创新创业基地，为引进海外创新创业资源搭建平台和桥梁。

（七）大力推动地方科技成果转移转化

1. 加强地方科技成果转化工作。健全省、市、县三级科技成果转化工作网络，强化科技管理部门开展科技成果转移转化的工作职能，加强相关部门之间的协同配合，探索适应地方成果转化要求的考核评价机制。加强基层科技管理机构与队伍建设,完善承接科技成果转移转化的平台与机制,宣传科技成果转化政策,帮助中小企业寻找应用科技成果,搭建产学研合作信息服务平台。指导地方探索"创新券"等政府购买服务模式,降低中小企业技术创新成本。

2. 开展区域性科技成果转移转化试点示范。以创新资源集聚、工作基础好的省(区、市)为主导,跨区域整合成果、人才、资本、平台、服务等创新资源,建设国家科技成果转移转化试验示范区,在科技成果转移转化服务、金融、人才、政策等方面,探索形成一批可复制、可推广的工作经验与模式。围绕区域特色产业发展技术瓶颈,推动一批符合产业转型发展需求的重大科技成果在示范区转化与推广应用。

(八)强化科技成果转移转化的多元化资金投入

1. 发挥中央财政对科技成果转移转化的引导作用。发挥国家科技成果转化引导基金等的杠杆作用,采取设立子基金、贷款风险补偿等方式,吸引社会资本投入,支持关系国计民生和产业发展的科技成果转化。通过优化整合后的技术创新引导专项(基金)、基地和人才专项,加大对符合条件的技术转移机构、基地和人才的支持力度。国家科技重大专项、重点研发计划支持战略性重大科技成果产业化前期攻关和示范应用。

2. 加大地方财政支持科技成果转化力度。引导和鼓励地方设立创业投资引导、科技成果转化、知识产权运营等专项资金(基金),引导信贷资金、创业投资资金以及各类社会资金加大投入,支持区域重点产业科技成果转移转化。

3. 拓宽科技成果转化资金市场化供给渠道。大力发展创业投资,培育发展天使投资人和创投机构,支持初创期科技企业和科技成果转化项目。利用众筹等互联网金融平台,为小微企业转移转化科技成果拓展融资渠道。支持符合条件的创新创业企业通过发行债券、资产证券化等方式进行融资。支持银行探索股权投资与信贷投放相结合的模式,为科技成果转移转化提供组合金融服务。

三、组织与实施

(一)加强组织领导

各有关部门要根据职能定位和任务分工,加强政策、资源统筹,建立协同推进机制,形成科技部门、行业部门、社会团体等密切配合、协同推进的工作格局。强化中央和地方协同,加强重点任务的统筹部署及创新资源的统筹配置,形成共同推进科技成果转移转化的合力。各地方要将科技成果转移转化工作纳入重要议事日程,强化科技成果转移转化工作职能，结合实际制定具体实施方案，明确工作推进路线图和时间表，逐级细化分解任务，切实加大资金投入、政策支持和条件保障力度。

(二) 加强政策保障

落实《中华人民共和国促进科技成果转化法》及相关政策措施，完善有利于科技成果转移转化的政策环境。建立科研机构、高校科技成果转移转化绩效评估体系，将科技成果转移转化情况作为对单位予以支持的参考依据。推动科研机构、高校建立符合自身人事管理需要和科技成果转化工作特点的职称评定、岗位管理和考核评价制度。完善有利于科技成果转移转化的事业单位国有资产管理相关政策。研究探索科研机构、高校领导干部正职任前在科技成果转化中获得股权的代持制度。各地方要围绕落实《中华人民共和国促进科技成果转化法》，完善促进科技成果转移转化的政策法规。建立实施情况监测与评估机制，为调整完善相关政策举措提供支撑。

(三) 加强示范引导

加强对试点示范工作的指导推动，交流各地方各部门的好经验、好做法，对可复制、可推广的经验和模式及时总结推广，发挥促进科技成果转移转化行动的带动作用，引导全社会关心和支持科技成果转移转化，营造有利于科技成果转移转化的良好社会氛围。

附录 4
关于实行以增加知识价值为导向分配政策的若干意见
（厅字〔2016〕35号）

为加快实施创新驱动发展战略，激发科研人员创新创业积极性，在全社会营造尊重劳动、尊重知识、尊重人才、尊重创造的氛围，现就实行以增加知识价值为导向的分配政策提出以下意见。

一、总体要求

（一）基本思路

全面贯彻党的"十八大"和十八届三中、四中、五中全会以及全国科技创新大会精神，深入学习贯彻习近平总书记系列重要讲话精神，加快实施创新驱动发展战略，实行以增加知识价值为导向的分配政策，充分发挥收入分配政策的激励导向作用，激发广大科研人员的积极性、主动性和创造性，鼓励多出成果、快出成果、出好成果，推动科技成果加快向现实生产力转化。统筹自然科学、哲学社会科学等不同科学门类，统筹基础研究、应用研究、技术开发、成果转化全创新链条，加强系统设计、分类管理。充分发挥市场机制作用，通过稳定提高基本工资、加大绩效工资分配激励力度、落实科技成果转化奖励等激励措施，使科研人员收入与岗位职责、工作业绩、实际贡献紧密联系，在全社会形成知识创造价值、价值创造者得到合理回报的良性循环，构建体现增加知识价值的收入分配机制。

（二）主要原则

——坚持价值导向。针对我国科研人员实际贡献与收入分配不完全匹配、股权激励等对创新具有长期激励作用的政策缺位、内部分配激励机制不健全等问题，明确分配导向，完善分配机制，使科研人员收入与其创造的科学价值、经济价值、社会价值紧密联系。

——实行分类施策。根据不同创新主体、不同创新领域和不同创新环节的智力劳动特点，实行有针对性的分配政策，统筹宏观调控和定向施策，探索知识价值实现的有效方式。

——激励约束并重。把人作为政策激励的出发点和落脚点，强化产权等长期激励，健全中长期考核评价机制，突出业绩贡献。合理调控不同地区、同一地区不同类型单位收入水平差距。

——精神物质激励结合。采用多种激励方式，在加大物质收入激励的同时，注重发挥精神激励的作用，大力表彰创新业绩突出的科研人员，营造鼓励探索、激励创新的社会氛围。

二、推动形成体现增加知识价值的收入分配机制

（一）逐步提高科研人员收入水平

在保障基本工资水平正常增长的基础上，逐步提高体现科研人员履行岗位职责、承担政府和社会委托任务等的基础性绩效工资水平，并建立绩效工资稳定增长机制。加大对作出突出贡献科研人员和创新团队的奖励力度，提高科研人员科技成果转化收益分享比例。强化绩效评价与考核，使收入分配与考核评价结果挂钩。

（二）发挥财政科研项目资金的激励引导作用

对不同功能和资金来源的科研项目实行分类管理，在绩效评价基础上，加大对科研人员的绩效激励力度。完善科研项目资金和成果管理制度，对目标明确的应用型科研项目逐步实行合同制管理。对社会科学研究机构和智库，推行政府购买服务制度。

（三）鼓励科研人员通过科技成果转化获得合理收入

积极探索通过市场配置资源加快科技成果转化、实现知识价值的有效方式。财政资助科研项目所产生的科技成果在实施转化时，应明确项目承担单位和完成人之间的收益分配比例。对于接受企业、其他社会组织委托的横向委托项目，允许项目承担单位和科研人员通过合同约定知识产权使用权和转化收益，探索赋予科研人员科技成果所有权或长期使用权。逐步提高稿费和版税等付酬标准，增加科研人员的成果性收入。

三、扩大科研机构、高校收入分配自主权

（一）引导科研机构、高校实行体现自身特点的分配办法

赋予科研机构、高校更大的收入分配自主权，科研机构、高校要履行法人责任，按照职能定位和发展方向，制定以实际贡献为评价标准的科技创新人才收入分配激励办法，突出业绩导向，建立与岗位职责目标相统一的收入分配激励机制，合理调节教学人

员、科研人员、实验设计与开发人员、辅助人员和专门从事科技成果转化人员等的收入分配关系。对从事基础性研究、农业和社会公益研究等研发周期较长的人员，收入分配实行分类调节，通过优化工资结构，稳步提高基本工资收入，加大对重大科技创新成果的绩效奖励力度，建立健全后续科技成果转化收益反馈机制，使科研人员能够潜心研究。对从事应用研究和技术开发的人员，主要通过市场机制和科技成果转化业绩实现激励和奖励。对从事哲学社会科学研究的人员，以理论创新、决策咨询支撑和社会影响作为评价基本依据，形成合理的智力劳动补偿激励机制。完善相关管理制度，加大对科研辅助人员的激励力度。科学设置考核周期，合理确定评价时限，避免短期频繁考核，形成长期激励导向。

（二）完善适应高校教学岗位特点的内部激励机制

把教学业绩和成果作为教师职称晋升、收入分配的重要依据。对专职从事教学的人员，适当提高基础性绩效工资在绩效工资中的比重，加大对教学型名师的岗位激励力度。对高校教师开展的教学理论研究、教学方法探索、优质教学资源开发、教学手段创新等，在绩效工资分配中给予倾斜。

（三）落实科研机构、高校在岗位设置、人员聘用、绩效工资分配、项目经费管理等方面自主权

对科研人员实行岗位管理，用人单位根据国家有关规定，结合实际需要，合理确定岗位等级的结构比例，建立各级专业技术岗位动态调整机制。健全绩效工资管理，科研机构、高校自主决定绩效考核和绩效分配办法。赋予财政科研项目承担单位对间接经费的统筹使用权。合理调节单位内部各类岗位收入差距，除科技成果转化收入外，单位内部收入差距要保持在合理范围。积极解决部分岗位青年科研人员和教师收入待遇低等问题，加强学术梯队建设。

（四）重视科研机构、高校中长期目标考核

结合科研机构、高校分类改革和职责定位，加强对科研机构、高校中长期目标考核，建立与考核评价结果挂钩的经费拨款制度和员工收入调整机制，对评价优秀的加大绩效激励力度。对有条件的科研机构，探索实行合同管理制度，按合同约定的目标完成情况确定拨款、绩效工资水平和分配办法。完善科研机构、高校财政拨款支出、科研项目收入与支出、科研成果转化及收入情况等内部公开公示制度。

四、进一步发挥科研项目资金的激励引导作用

(一) 发挥财政科研项目资金在知识价值分配中的激励作用

根据科研项目特点完善财政资金管理，加大对科研人员的激励力度。对实验设备依赖程度低和实验材料耗费少的基础研究、软件开发和软科学研究等智力密集型项目，项目承担单位应在国家政策框架内，建立健全符合自身特点的劳务费、间接经费管理方式。项目承担单位可结合科研人员工作实绩，合理安排间接经费中绩效支出。建立符合科技创新规律的财政科技经费监管制度，探索在有条件的科研项目中实行经费支出负面清单管理。个人收入不与承担项目多少、获得经费高低直接挂钩。

(二) 完善科研机构、高校横向委托项目经费管理制度

对于接受企业、其他社会组织委托的横向委托项目，人员经费使用按照合同约定进行管理。技术开发、技术咨询、技术服务等活动的奖酬金提取，按照《中华人民共和国促进科技成果转化法》及《实施〈中华人民共和国促进科技成果转化法〉若干规定》执行；项目合同没有约定人员经费的，由单位自主决定。科研机构、高校应优先保证科研人员履行科研、教学等公益职能；科研人员承担横向委托项目，不得影响其履行岗位职责、完成本职工作。

(三) 完善哲学社会科学研究领域项目经费管理制度

对符合条件的智库项目，探索采用政府购买服务制度，项目资金由项目承担单位按照服务合同约定管理使用。修订国家社会科学基金、教育部高校哲学社会科学繁荣计划的项目资金管理办法，取消劳务费比例限制，明确劳务费开支范围，加大对项目承担单位间接成本补偿和科研人员绩效激励力度。

五、加强科技成果产权对科研人员的长期激励

(一) 强化科研机构、高校履行科技成果转化长期激励的法人责任

坚持长期产权激励与现金奖励并举，探索对科研人员实施股权、期权和分红激励，加大在专利权、著作权、植物新品种权、集成电路布图设计专有权等知识产权及科技成果转化形成的股权、岗位分红权等方面的激励力度。科研机构、高校应建立健全科技成果转化内部管理与奖励制度，自主决定科技成果转化收益分配和奖励方案，单位负责人和相关责

任人按照《中华人民共和国促进科技成果转化法》及《实施〈中华人民共和国促进科技成果转化法〉若干规定》予以免责，构建对科技人员的股权激励等中长期激励机制。以科技成果作价入股作为对科技人员的奖励涉及股权注册登记及变更的，无须报科研机构、高校的主管部门审批。加快出台科研机构、高校以科技成果作价入股方式投资未上市中小企业形成的国有股，在企业上市时豁免向全国社会保障基金转持的政策。

（二）完善科研机构、高校领导人员科技成果转化股权奖励管理制度

科研机构、高校的正职领导和领导班子成员中属中央管理的干部，所属单位中担任法人代表的正职领导，在担任现职前因科技成果转化获得的股权，任职后应及时予以转让，逾期未转让的，任期内限制交易。限制股权交易的，在本人不担任上述职务一年后解除限制。相关部门、单位要加快制定具体落实办法。

（三）完善国有企业对科研人员的中长期激励机制

尊重企业作为市场经济主体在收入分配上的自主权，完善国有企业科研人员收入与科技成果、创新绩效挂钩的奖励制度。国有企业科研人员按照合同约定薪酬，探索对聘用的国际高端科技人才、高端技能人才实行协议工资、项目工资等市场化薪酬制度。符合条件的国有科技型企业，可采取股权出售、股权奖励、股权期权等股权方式，或项目收益分红、岗位分红等分红方式进行激励。

（四）完善股权激励等相关税收政策

对符合条件的股票期权、股权期权、限制性股票、股权奖励以及科技成果投资入股等实施递延纳税优惠政策，鼓励科研人员创新创业，进一步促进科技成果转化。

六、允许科研人员和教师依法依规适度兼职兼薪

（一）允许科研人员从事兼职工作获得合法收入

科研人员在履行好岗位职责、完成本职工作的前提下，经所在单位同意，可以到企业和其他科研机构、高校、社会组织等兼职并取得合法报酬。鼓励科研人员公益性兼职，积极参与决策咨询、扶贫济困、科学普及、法律援助和学术组织等活动。科研机构、高校应当规定或与科研人员约定兼职的权利和义务，实行科研人员兼职公示制度，兼职行为不得泄露本单位技术秘密，损害或侵占本单位合法权益，违反承担的社会责任。兼职取得的报酬原则上归个人，建立兼职获得股权及红利等收入的报告制度。担任领导职务的科研人员

兼职及取酬，按中央有关规定执行。经所在单位批准，科研人员可以离岗从事科技成果转化等创新创业活动。兼职或离岗创业收入不受本单位绩效工资总量限制，个人须如实将兼职收入报单位备案，按有关规定缴纳个人所得税。

（二）允许高校教师从事多点教学获得合法收入

高校教师经所在单位批准，可开展多点教学并获得报酬。鼓励利用网络平台等多种媒介，推动精品教材和课程等优质教学资源的社会共享，授课教师按照市场机制取得报酬。

七、加强组织实施

（一）强化联动

各地区各部门要加强组织领导，健全工作机制，强化部门协同和上下联动，制定实施细则和配套政策措施，加强督促检查，确保各项任务落到实处。加强政策解读和宣传，加强干部学习培训，激发广大科研人员的创新创业热情。

（二）先行先试

选择一些地方和单位结合实际情况先期开展试点，鼓励大胆探索、率先突破，及时推广成功经验。对基层因地制宜的改革探索建立容错机制。

（三）加强考核

各地区各部门要抓紧制定以增加知识价值为导向的激励、考核和评价管理办法，建立第三方评估评价机制，规范相关激励措施，在全社会形成既充满活力又规范有序的正向激励。

本意见适用于国家设立的科研机构、高校和国有独资企业（公司）。其他单位对知识型、技术型、创新型劳动者可参照本意见精神，结合各自实际，制定具体收入分配办法。国防和军队系统的科研机构、高校、企业收入分配政策另行制定。

附录 5
关于促进科技服务业发展八条措施
（闽政〔2015〕8号）

为贯彻落实《国务院关于加快科技服务业发展的若干意见》（国发〔2014〕49号），加快推进我省科技服务业发展。现提出如下措施：

一、大力培育研发设计服务新业态

鼓励高校、科研院所、企业共建法人实体的新型研发机构，引导高校、科研院所的研发团队组建专业化的研发设计企业；支持制造业龙头企业依托其研发设计部门，成立独立法人的研发设计企业，面向社会开展技术服务。鼓励高校、科研院所向企业提供研发设计外包服务，支持工程设计、工业设计机构向科技研发领域拓展服务。运用云计算、物联网、移动互联网、大数据等新技术，培育云设计、虚拟实验与制造、研发众包、网络众筹等科技服务新业态。

责任单位：省科技厅、发改委、经信委、教育厅、财政厅、商务厅，各设区市人民政府、平潭综合实验区管委会

鼓励研发设计企业申报高新技术企业，提高创新能力和经营水平，经认定的高新技术企业享受税收优惠政策；组织研发设计企业组建或参与产业技术创新战略联盟，承担各级科技计划项目；扶持研发设计企业建设公共技术服务平台，为行业技术进步提供服务，符合规定的企业新购用于研发的仪器设备，单位价值不超过100万元的，允许一次性计入当期成本费用在税前扣除，超过100万的，可按60%比例缩短折旧年限，或采取双倍余额递减等方法加速折旧；支持省级以上重点（工程）实验室、工程（技术）研究中心、企业技术中心面向社会提供专业化服务，其新购研发仪器设备按实际投资总额的30%给予资助，最高可达500万元，并对服务业绩显著的给予补助奖励。

责任单位：省科技厅、发改委、经信委、教育厅、财政厅、地税局、国税局

二、提升技术转移服务水平

发挥福建"6·18"虚拟研究院和海峡技术转移中心作用，引进境内外高水平科研机构、技术转移服务机构及科技成果，提高技术转移和成果对接的水平和成效。对"6·18"虚拟研究院开展的共性关键技术研发、成果转化、企业孵化、技术诊断、仪器设备共享情况进行评估，并给予每年不超过80万元的资金补助。对入驻海峡技术转移中心的技术转

移机构按照不同类型给予最高20万元启动经费和三年内每年最高15万年运行经费支持,并在办公用房和租金上予以优惠。

责任单位:省发改委、科技厅、财政厅

对在"6·18"网络协同平台开展技术交易的单位,按交易额8%给予受让方、3%给予转让方奖励,一个单位单个项目最高奖励金额为50万元、年度奖励总额不超过100万元。对在闽企业购买技术(含专利权)交易额单项达50万元以上200万以下并实施转化的,按技术交易额10%给予补助;超过200万元的,按照《福建省人民政府关于促进科技成果转化和产业化的若干意见》(闽政〔2011〕111号)文件规定给予补助。技术经纪机构和高校科研院所的技术转移部门居间促成且在本省转化的项目,按实际交易金额的1.2%给予补助,单个项目补助额不超过5万元。通过政府购买服务的方式,对科技服务业绩显著的技术转移服务机构给予奖励补助。

责任单位:省发改委、经信委、教育厅、科技厅、财政厅

三、强化检验检测认证计量服务

围绕我省产业发展需求,完善检验检测认证机构规划布局,建设国家、省级质检中心和计量测试中心。推进具备条件的检验检测认证机构改革,发展面向设计开发、生产制造、售后服务全过程的观测、分析、测试、检验、标准、认证、计量等服务,促进检验检测认证机构跨部门、跨行业、跨层级整合与并购重组,支持具备条件的检验检测认证机构与行政部门脱钩,转企改制。鼓励外资、台资、民营检测检验认证机构发展,通过政府购买服务方式更好发挥作用。加强检测检验认证机构的监管,开展检测检验认证结果和技术能力国际互认。

责任单位:省质监局、省有关部门

四、加大创业孵化服务支持力度

鼓励孵化器市场化运作,推动"孵化器-加速器-产业园区"科技创业孵化链建设。支持民营机构、龙头企业、大专院校等多元主体建设和运营科技企业孵化器,引导更广泛的社会资源支持创新创业。利用老厂房、旧仓库、旧街区等存量房,探索"众创空间"等"孵化器+创业风险投资"的新型孵化模式。对创业企业、孵化项目从项目立项、孵化器入驻、创业板挂牌、风险投资、银行信贷等方面给予政策扶持。新建孵化器按每平方米100元标准给予一次性补助,补助额不超过100万元;改扩建的孵化器按每平方米50元标准给予一次性补助,补助额不超过50万元。孵化器用地指标和土地供应按工业用地相关政策执行,并可配以一定比例的生产服务设施用地。落实国家关于科技企业孵化器、大学

科技园的税收优惠政策，对符合条件的科技企业孵化器、国家大学科技园自用以及无偿或通过出租等方式提供给孵化企业使用的房产、土地，免征房产税和城镇土地使用税；对其向孵化企业出租场地、房屋以及提供孵化服务的收入，免征营业税。加强孵化器分类管理，优化省级孵化器认定标准，大力提升孵化器的数量与质量，支持孵化器建设大学生创业基地，培育国家级、省级科技企业孵化器，对新认定的国家级、省级科技企业孵化器分别给予一次性奖励100万元和50万元。

责任单位：省科技厅、教育厅、财政厅、人社厅、国土厅、地税局、国税局、人行福州中心支行、福建银监局、福建证监局

五、推动知识产权服务业发展

引进和重点支持发展一批高水平、专业化的知识产权代理机构。引导有资质的服务机构开展法律服务，完善企业知识产权维权援助服务。加快建设知识产权公共服务平台，开展知识产权信息检索分析、数据加工、数据库建设等信息服务。支持知识产权服务机构开展知识产权评估、价值分析、交易、许可、转化、质押、运营、托管、保险等商用化服务。鼓励融资性担保机构为知识产权质押融资提供担保服务，引导金融机构开展知识产权质押贷款等新型信贷业务，对以专利权质押获得贷款并按期偿还本息的中小企业，省级财政以同期银行贷款基准利率的30%~50%予以贴息，每家企业享受贴息总额最高不超过50万元。

责任单位：省知识产权局、财政厅

六、鼓励多元化科技投融资服务

推进科技与金融结合，综合运用科技贷款风险补偿、科技保险费补助、创业投资引导等方式，引导金融机构服务科技型企业发展。在全省科技产业相对集中的地区，支持商业银行设立科技支行，引导政策性银行加大对科技型企业和高新区建设信贷支持力度，并给予利率优惠。支持保险公司设立科技保险专营机构，科技服务企业投保科技保险，可享受与高新技术企业同样的保费补助。支持科技型企业改制上市融资，培育科技服务业上市后备企业，鼓励科技服务型上市公司通过再融资、并购重组等方式做大做强。支持创投机构对科技型企业进行股权投资，探索投贷结合的融资模式。

责任单位：省科技厅、发改委、经信委、财政厅、人行福州中心支行、福建银监局、福建证监局、福建保监局、金融办

七、整合资源建设科技服务业集中区

鼓励有条件的区域和行业参加国家科技服务业试点示范。省级以上高新技术产业开发

区、经济技术开发区因地制宜逐步建立科技服务集中区，引导一批以研发设计、软件服务、创意产业、科技金融、科技咨询等为主营业务的科技服务类企业入驻科技服务集中区。利用现有存量的房屋和土地资源建设科技服务业集中区，所涉及原划拨土地使用权转让或改变用途的，经批准可采取协议出让方式供地；实现科技服务业用水、用电、用气与工业企业同价；落实科技服务企业研发费用税前加计扣除政策；对认定为高新技术企业的科技服务企业，减按15%的税率征收企业所得税；引导科技服务企业依法依规取得增值税抵扣凭证，以享受"营改增"政策红利。

责任单位：各设区市人民政府、平潭综合实验区管委会，省科技厅、财政厅、国土厅、物价局、地税局、国税局

八、加强人才培养与科技服务业管理

将研发设计、知识产权、检验检测等科技服务人才需求纳入年度紧缺急需人才引进指导目录，对符合目录条件引进的人才，按规定享受相关待遇。对高端科技服务人才，给予住房和生活补助，其认定与标准由各地研究制定。开展科技服务业人才专业技术培训、职业培训和继续教育，对培训机构按培训任务量给予适当补助；符合条件的科技服务企业发生的职工教育经费支出，不超过工资薪金总额8%的部分，准予在计算应纳税所得额时据实扣除。

责任单位：各设区市人民政府、平潭综合实验区管委会，省教育厅、财政厅、人社厅、地税局、国税局

将科技服务业纳入全省现代服务业统筹规划，加强跨部门沟通协调机制。将科技服务列入政府采购的范围，研究制定科技服务采购目录内容。研究确立不同业态的科技服务标准，制定科技服务新业态的统计方式方法，整合有关部门科技服务业统计数据，完善科技服务业统计调查制度。

责任单位：省发改委、科技厅、财政厅、统计局

各地、各有关部门要结合实际，按照职责分工，加强指导，优化服务，确保各项措施落实到位。

附录6
福建省进一步促进科技成果转移转化的若干规定
（闽政〔2016〕33号）

为贯彻《中共中央 国务院关于深化体制机制改革加快实施创新驱动发展战略的若干意见》和《国务院关于印发实施〈中华人民共和国促进科技成果转化法〉若干规定的通知》（国发〔2016〕16号），激发创新活力和创造潜能，鼓励大众创业、万众创新，现就进一步促进科技成果转移转化作出如下规定。

一、深化省级事业单位科技成果使用、处置和收益管理改革

（一）省属科研机构、高等学校等省级事业单位对其持有的科技成果，可以自主决定采取转让、许可、合作或者作价投资等方式开展转移转化活动，除涉及国家秘密、国家安全外，不需审批或者备案。科技成果转移转化，涉及外商投资的公司，应当遵循国家《外商投资产业指导目录》的有关规定。

省属科研机构、高等学校等省级事业单位有权依法以持有的科技成果作价入股确认股权和出资比例，并通过发起人协议、投资协议或者公司章程等形式对科技成果的权属、作价、折股数量或者出资比例等事项明确约定，明晰产权。

（二）科技成果转让、许可、合作和作价投资遵从市场定价，通过协议定价、在技术交易市场挂牌交易、拍卖等市场化方式确定价格。协议定价的，科技成果持有单位应当在本单位公示科技成果名称和拟交易价格，公示时间不少于15日。单位应当明确并公开异议处理程序和办法。

（三）省属科研机构、高等学校等省级事业单位可通过签订协议的方式，授予科技成果完成团队或个人对该成果的处置权，并协商确定成果转让、许可、合作或作价投资的最低可成交价格。科技成果的完成团队或完成人可在最低可成交价格的基础上，通过协议定价或评估定价等市场化方式，确定科技成果转让、许可或投资价格。

（四）省属科研机构、高等学校等省级事业单位转移转化科技成果所获得的收入全部留归单位，纳入单位预算，不上缴国库，扣除对完成和转化职务科技成果作出重要贡献人员的奖励和报酬后，应当主要用于科学技术研发与成果转化等相关工作，并对技术转移机构的运行和发展给予保障。

（五）省属科研机构、高等学校等省级事业单位应当建立健全技术转移工作体系和机制，完善科技成果转移转化的管理制度，明确科技成果转化各项工作的责任主体，建立健

全科技成果转化重大事项领导班子集体决策制度，加强专业化科技成果转化队伍建设，优化科技成果转化流程，通过本单位负责技术转移工作的机构或者委托独立的科技成果转化服务机构开展技术转移。鼓励省属科研机构、高等学校等省级事业单位设立负责技术转移和转化服务的科技成果管理与运营服务机构，配备一定数量的专职人员。

（六）省属科研机构、高等学校等省级事业单位应当按照规定格式，于每年3月30日前向其主管部门报送本单位上一年度科技成果转化情况的年度报告，主管部门审核后于每年4月30日前将各单位科技成果转化年度报告报送至科技、财政和机关事务主管部门。年度报告内容主要包括：

1. 科技成果转化取得的总体成效和面临的问题；
2. 依法取得科技成果的数量及有关情况；
3. 科技成果转让、许可和作价投资情况；
4. 推进产学研合作情况，包括自建、共建研究开发机构、技术转移机构、科技成果转化服务平台情况，签订技术开发合同、技术咨询合同、技术服务合同情况，人才培养和人员流动情况等；
5. 科技成果转化绩效和奖惩情况，包括科技成果转化取得收入及分配情况，对科技成果转化人员的奖励和报酬等。

二、激励科技人员创新创业

（七）省属科研机构、高等学校等省级事业单位制定转化科技成果收益分配制度时，应当充分听取本单位科技人员的意见，并在本单位公开相关制度。科技成果转移转化后，省级事业单位应当对完成该项科技成果和为成果转化作出重要贡献的人员和机构给予奖励。

依法对科技成果完成人和为成果转化作出重要贡献的其他人员给予奖励时，按照以下规定执行：

1. 以技术转让或者许可方式转化职务科技成果的，应当从技术转让或者许可所取得的净收入中，根据贡献程度提取不低于50%或不低于70%的比例用于奖励。

净收入指科技成果转化获得的合同收入扣除维护该科技成果、达成该交易所产生的直接成本，包括知识产权申请费和维持费、交易谈判费用、税金、其他相关费用等，不包括前期项目研发投入。国家有新规定的，从其规定。

2. 以科技成果作价投资实施转化的，应当从作价投资取得的股份或者出资比例中，根据贡献程度提取不低于50%或不低于70%的比例用于奖励。

科技人员所获科技成果技术入股奖励股权权属授予个人所有；对获得奖励的人员在企

业中的股份，工商管理部门应当在企业注册登记或股权变更登记中及时予以办理。

3. 在研究开发和科技成果转化中作出主要贡献的人员，获得奖励的份额不低于奖励总额的70%。

4. 对科技人员在科技成果转化工作中开展技术开发、技术咨询、技术服务等活动给予的奖励，可按照促进科技成果转化法和本规定执行。

省级事业单位取得的科技成果一年以上未启动转化的，成果完成人和参加人在不变更职务科技成果权属的前提下，可以根据与成果所有单位的协议进行该项科技成果的转化，并享有协议规定的权益，转化收益的70%~90%归其所有。

（八）对科技成果完成人和为科技成果转化作出重要贡献人员的奖励，计入当年本单位工资总额，但不受当年本单位工资总额限制、不纳入本单位工资总额基数。

符合《国家税务总局关于促进科技成果转化有关个人所得税问题的通知》（国税发〔1999〕125号）规定的科研机构和高等学校转化职务科技成果以股份或出资比例等股权形式给予个人奖励，获奖人在取得股份、出资比例时，暂不缴纳个人所得税，在授（获）奖的次月15日内向主管税务机关办理备案；取得按股权、出资比例分红或股权转让、出资比例所得时，应依法缴纳个人所得税。

（九）鼓励省属企事业单位科技人员在履行岗位职责、完成本职工作的前提下，经征得单位同意，可以兼职到企业等从事科技成果转化活动，或者离岗创业，可在3年内保留人事关系，保留原聘专业技术职务，工龄连续计算，并与原单位其他在岗人员同等享有参加职称评定、岗位等级晋升和社会保险等方面的待遇。3年内要求返回原单位的，按原职级待遇安排工作。省属科研院所和高等学校科研人员离岗在本省内转化自主研发成果的，可延长至5年。

省属企事业单位担任处级以上（含处级）的领导职务的科技人员，可在辞去领导职务后以科研人员身份（不占领导职数）离岗创业，实施科技成果转化。在单位同意离岗时限内，要求重新担任领导职务的，应先辞去在企业任职（兼职），转让本人股权，有关单位对其经营活动的合法性进行审查。之后根据岗位空缺等情况，按照中共中央办公厅印发的《事业单位领导人员管理暂行规定》等相关规定及实际情况安排使用。

（十）省属科研院所和高等学校等省级事业单位要建立有利于科技成果转移转化的岗位管理、考核评价和奖励制度，完善科技人员职称评审政策，将专利创造、标准制定及成果转移转化等作为职称评审的重要依据。科技人员参与职称评审与岗位考核时，发明专利转化应用情况与论文指标，技术转让成交额与纵向课题指标均应同等对待。

省属科研院所和高等学校等省级事业单位建立制度规定或者与科技人员约定兼职、离岗从事科技成果转化活动期间和期满后的权利和义务。离岗创业期间，科技人员所承担的国家和省级科技计划和基金项目原则上不得中止,确需中止的应当按照有关管理办法办理手续。

(十一)鼓励国有科技型企业对在科技创新中做出重要贡献的技术人员和经营管理人员实施股权和分红权激励。对高等院校和科研院所以科技成果作价入股的企业,用于股权奖励和股权出售的激励总额中,用于股权奖励的部分可以超过50%,用于股权奖励的激励额可以超过近3年(不满3年的,计算已有年限)税后利润形成的净资产增值额的17.5%。

(十二)对于担任领导职务的科技人员获得科技成果转化奖励,按照分类管理的原则执行:

1. 省属科研机构、高等学校等事业单位(不含内设机构)正职领导,以及上述事业单位所属具有独立法人资格单位的正职领导,是科技成果的主要完成人或者对科技成果转化作出重要贡献的,可以按照促进科技成果转化法和专利法的规定获得现金奖励,原则上不得获取股权激励。其他担任领导职务的科技人员,是科技成果的主要完成人或者对科技成果转化作出重要贡献的,可以按照促进科技成果转化法和专利法的规定获得现金、股份或者出资比例等奖励和报酬。

2. 对担任领导职务的科技人员的科技成果转化收益分配实行公开公示制度,担任领导职务的科技人员参与收益分配具体方案应当在本单位公示,公示时间不少于15日,并明确公开异议处理程序和办法。严禁未作贡献人员利用职务便利获取科技成果转化相关权益。

三、优化科技成果转移转化环境

(十三)省直各有关单位要大力支持创新创业,准确把握法律和政策界限,共同营造良好创新环境。明确界定研发团队、转化团队和科研人员、科技成果转移转化人员以各种形式合法获取与科技成果及其转化相关收益行为,与贪污、私分、侵占、挪用等非法行为之间的界限。对涉及科技成果转移转化和科研人员创新创业的案件或问题,行政执法部门、执纪部门和司法机关要加强沟通衔接,依法依纪、积极慎重办理和解决。

财政、国有资产管理、知识产权等行政主管部门应当对高等学校和科研院所等省级事业单位科技成果转化收益奖励分配明确给予个人奖励的股份或出资比例等股权予以承认,并落实国有资产确权、国有资产变更、知识产权作价量化奖励个人等相关事项。

工商行政管理部门支持公司制企业使用"研究(发)中心""研究院(所)""设计中心""设计院(所)"等字样作为企业名称中的行业特征。允许公司制企业名称中的行政区划放在字号之后、组织形式之前。科技人员以所获奖励股权成为被投资公司股东或者发起人的，在办理工商登记时，该公司将载明股东或发起人姓名、认缴出资额或者认购股份数、出资方式和出资时间的公司章程提交工商行政管理部门备案，工商行政管理部门依法予以及时办理。

（十四）省属企事业单位以科技成果对外投资实施转化的，经审计确认发生投资亏损的，由其上级主管部门审定已经履行了勤勉尽责义务且未牟取私利的，不纳入高等院校、科研院所、国有企业对外投资保值增值考核范围。

科技成果转化过程中，通过技术交易市场挂牌交易、拍卖等方式确定价格的，或者通过协议定价并在本单位及技术交易市场公示拟交易价格的，单位领导在履行勤勉尽责义务、没有牟取非法利益的前提下，免除其在科技成果定价中因科技成果转化后续价值变化产生的决策责任。

（十五）省属科研机构、高等学校等省级事业单位的主管部门以及财政、科技、机关事务等相关部门，在对单位进行绩效考评时应当将科技成果转化的情况作为评价指标之一。

（十六）加大对科技成果转化绩效突出的省属科研机构、高等学校等省级事业单位及人员的支持力度。省属科研机构、高等学校等省级事业单位主管部门以及财政、科技、机关事务等相关部门根据单位科技成果转化年度报告情况等，对单位科技成果转化绩效予以评价，并将评价结果作为对单位予以支持的参考依据之一。

省属科研机构、高等学校等省级事业单位应当制定激励制度，对业绩突出的专业化技术转移机构给予奖励。

（十七）各级各部门要切实加强对科技成果转化工作的组织领导，及时研究新情况、新问题，加强政策协同配合，优化政策环境，开展监测评估，及时总结推广经验做法，加大宣传力度，提升科技成果转化的质量和效率，推动我省经济转型升级、提质增效。

（十八）本规定自发布之日起施行。已经发布的相关文件与本规定不一致的，按本规定执行。